Volker Wiskamp

Leben zwischen Kampf und Kooperation
-
Eine chemiedidaktische Reflexion

Leben zwischen Kampf und Kooperation

Eine chemiedidaktische Reflexion

Volker Wiskamp

unter Mitwirkung von

Parvaneh Shoghian, Myriam Ben Nticha, Majda M'hamdi Alaoui, Khaoula Lemalmi, Hasareh Moradi, Maha Ben Hamouda, Houda Bark und Nicole Brosch

Bibliografische Information der deutschen Nationalbibliothek:
Die Deutsche Nationalbibliothek verzeichnet diese Publikation
in der deutschen Nationalbibliografie;
detaillierte bibliografische Daten sind im Internet
über dbn.dbn.de abrufbar.

Herstellung und Verlag: BoD - Books on Demand, Norderstedt

ISBN: 978-3-7568-4385-5

Vorwort

Die Zeit, in der man eine Bachelorarbeit – vor „Bologna“ war es eine Diplomarbeit – anfertigt, ist eine Übergangszeit. Sie ist die letzte Phase des Studiums – hier der Chemie oder Biotechnologie – und die Vorstufe zum Berufsleben.

In ihrer Abschlussarbeit sollen Studierende unter Beweis stellen, dass sie in einer kurzen Zeit eine wissenschaftliche Aufgabe mit der Methodik des Faches lösen können, also dazu in der Lage sind, Literatur zu recherchieren, zu dokumentieren, zu interpretieren und mit eigenen Untersuchungsergebnissen abzugleichen … Näheres steht im Modulhandbuch.

Eine Bachelorarbeit sollte aber mehr sein als eine formale Prüfungsleistung. Sie sollte einen tieferen *Sinn* stiften, genau wie ein Beruf über den Gelderwerb hinaus idealerweise auf besondere Weise sinnvoll und eine Lebenserfüllung sein sollte. Denn in dem Wort „Beruf“ steckt „Berufung“. Zeigt die Bachelorarbeit deshalb, ob man für das Fachgebiet „berufen“ ist, ob es Freude bereitet und eine Perspektive aufzeigt, der man sich eine große Zeit des zukünftigen Lebens widmen möchte, weil man es für *sinnvoll* hält?

Das vorliegende Buch ist eine Reflexion über das, was ich aus meiner Diplomarbeit im Sommer 1979 für über vier Jahrzehnte meines Lebens als Chemiker in Forschung und Lehre verinnerlicht habe, und was acht Studentinnen hoffentlich aus ihren Bachelorarbeiten, die ich im Wintersemester 2022/2023 – dem letzten vor meiner Pensionierung – betreut habe, für ihr zukünftiges (berufliches) Leben mitnehmen können.

Meiner Diplomarbeit »Synthese und spektroskopische Eigenschaften einiger Oxa- und Oxahomoadamantanderivate« hatte ich folgende persönliche Bemerkung vorangestellt:

> *„Oxahomoadamantanderivate“ – meine Mutter hatte beim Lesen des Titels diese Diplomarbeit große Schwierigkeiten, diesen überhaupt richtig auszusprechen. So wie ihr geht es sicher den meisten Menschen, die nicht gerade auf dem Gebiet der Chemie arbeiten. Somit müssen wir Chemiker Fragen verstehen wie: „Was macht ihr denn da überhaupt? Was soll das Ganze? Das versteht doch kein normaler Mensch!“*

Wir Chemiker wissen, was Oxahomoadamantane sind und können uns unter ihrer Synthese und ihrem chemischen Verhalten etwas vorstellen. Aber die Frage nach dem Sinn unserer Arbeit auf diesem Gebiet müssen wir uns auch stellen.

Sicherlich sind die Oxahomoadamantane nur eine kleine Verbindungsklasse aus dem weiten Bereich der Chemie und ebenso ist die Chemie nur ein kleiner Teil dessen, was man als Naturwissenschaft bezeichnet. Es ist charakteristisch für den Naturwissenschaftler von heute, daß er sich mit einem so kleinen Teilgebiet beschäftigt, seine Ergebnisse im Kollegenkreis diskutiert, sie veröffentlicht, um damit anderen Forschern die Möglichkeit zu geben, seine Erkenntnisse für ihre Arbeiten zu verwenden. Doch er hat nie die Möglichkeit, alle Bereiche der Naturwissenschaft zu überblicken.

Diese Tatsache ist aber kein Grund zur Verzweiflung. Denn die Natur offenbart sich in allen Dingen – selbst in den kleinsten – mit ihrer ganzen Vollkommenheit. So sind es gerade die kleinen Erkenntnisse und Überraschungen beim täglichen Arbeiten im Labor, die den menschlichen Forschergeist antreiben, tiefer in die Geheimnisse der Mutter Natur einzudringen.

Eine derartige Vorbemerkung war zur damaligen Zeit ungewöhnlich (und ist es auch heute noch). Meine Betreuer, Privatdozent Dr. Helmut Duddeck und Prof. Dr. Günther Snatzke, fanden es aber gut, dass ich als junger (22jähriger) Chemiker bereits tiefgründige Gedanken über den Sinn der Wissenschaft äußerte.

Dass der Begriff „Mutter Natur“ eine gängige Metapher ist, wusste ich damals noch nicht. Ich hatte ihn aus dem Lied „Mother Natures Son“ vom Weißen Album der Beatles übernommen. Der Text, der gewiss keine große Dichtung ist, sondern schon von Eichendorffs „Taugenichts“ als Volkslied hätte gesungen werden können, hatte mich aber irgendwie fasziniert, sprach er doch den Wunsch nach der innigen Verbundenheit von Mensch und Natur aus, und zeichnete meinen Weg vor, mich als Chemie-Professor drei Jahrzehnte mit Natur- und Umweltschutz, Ökologie und der vielschichtigen Gaia-Hypothese von James Lovelock und Lynn Margulis zu beschäftigen. (Gaia ist in der griechischen Mythologie die Mutter der Erde, und diese ist nach Lovelock und Margulis ein sich selbst organisierender planetarer Superorganismus.) Tiefer in die Geheimnisse der Natur vorzudringen, war mein ursprünglicher Wunsch als Wissenschaftler. Die Chemie als molekulare Grundlage aller Lebensprozesse sollte dabei sehr hilfreich sein, um zu verstehen, was das Leben eigentlich ist. „Ob mir durch der *Moleküle* Kraft und Mund nicht manch‘ Geheimnis würde kund?“

Neben dem Begriff „Mutter Natur“ beeindruckte mich seit meinem Oberstufenunterricht – im Vorwort meiner Diplomarbeit aber nicht erwähnt – Goethes »Faust«, den mein Deutschlehrer theatralisch und motivierend vorgelebt hatte. Der Universalgelehrte Faust machte mir klar, dass es eines lebenslangen, eifrigen Studiums bedürfe, um zu erkennen, „was die Welt im Innersten zusammenhält“. (Das heute immer wieder geforderte „lebenslange Lernen“ ist also kein Modewort!) Doch Faust weckte in mir auch die Befürchtung, so wie er im Alter als „armer Tor so klug als wie zuvor“ dazustehen. Nun, heute kann ich sagen, dass ich viel mehr Fachwissen über Chemie und Ökologie besitze als am Ende meines Chemiestudiums in Bochum. Aber wie die Menschheit aus der globalen Metakrise aus Klimawandel, Artensterben, Überbevölkerung, Ressourcenknappheit etc. herauskommt – dafür habe ich höchstens ansatzweise Vorschläge, aber gewiss keine Patentlösung. Prophezeit Faust geradezu, „daß wir nichts wissen können“?

Ich wollte am Ende meines Studiums nicht nur Forscher werden, sondern auch Lehrer bzw. Professor. Die Humboldt‘sche Idee der Einheit von Forschung und Lehre klang für mich äußerst plausibel. Doch führte ich nicht 68 Semester lang „herab und quer und krumm meine *Studierenden* an der Nase herum“? Hier kann ich Faust widersprechen: Selbst wenn wir Menschen uns oftmals nicht umweltgerecht und nachhaltig verhalten, ist es eine ethische Pflicht der Lehrenden, Umweltschutz und Nachhaltigkeit zu thematisieren und die Fakten über Klimawandel, Artensterben etc. ungeschönt auf den Tisch zu legen. Die Hoffnung, dass es gelingen kann, durch Aufklärung die Menschen zu bessern, darf nicht aufgegeben werden. Und Ansätze zur Rettung der Welt gibt es durchaus: Fridays for Future, Green New Deal …

In einer Hinsicht machte mir Faust während meiner Schüler- und Studentenzeit Angst. Ein Chemiker (Alchimist), der im Bund mit dem Teufel (!) steht – Goethe hat mit Faust eine einzigartige Figur der Weltliteratur geschaffen. Sollte ich so ein Chemiker werden? Hat der Dichter vielleicht unbewusst – denn er war ja selbst ein begeisterter Naturwissenschaftler – der Chemie einen Bärendienst erwiesen und zum negativen öffentlichen Ansehen dieser Wissenschaft und erst recht der Chemischen Industrie beigetragen? In der Tat ist die Chemie ambivalent, genauso wie der Mensch. Dieser hat einerseits einen kreativen Geist, ist genial in Technik, Kunst, Musik und Literatur und ausgesprochen hilfsbereit und liebenswürdig, ist aber andererseits das invasivste, gewalttätigste und zerstörerischste Tier auf der Erde und, nach Friedrich Schiller, „der schrecklichste der Schrecken [] in seinem Wahn". Ein Gleichnis zur Chemie: Diese ist, wie oben gesagt, die molekulare Basis des Lebens, sie ermöglicht unsere Ernährung und unseren Wohlstand und erhält unsere Gesundheit, aber sie ist auch maßgeblich verantwortlich für den Klimawandel, das Artensterben, die Umweltverschmutzung … und erforderlich für die Herstellung totbringender Waffen.

Im Begleitseminar zu den acht Bachelorarbeiten konnten wir an zahlreichen Beispielen aus der biologischen Chemie verdeutlichen, dass sich das *Leben zwischen Kampf und Kooperation* bewegt. Auf der einen Seite sind die Gifte, mit denen Pflanzen, Frösche, Käfer oder Pilze ihre Fressfeinde abwehren oder mit denen Schlagen und Skorpione ihre Beute erlegen, auf der anderen Seite gibt es das Wood Wide Web, das den Boden als kooperatives Universum unter unseren Füßen auszeichnet; dann ist da der Mensch, der mit dem Einsatz giftiger Pflanzenschutzmittel, chemischer Kampfstoffe und seiner globalen, auf Konkurrenz und/oder Kooperation ausgerichteten Chemie-Wirtschaft eine Sonderstellung einnimmt, und schließlich scheint die Sonne, die das Leben antreibt. Mögen diese Gedanken, die uns im Wintersemester 2022/2023 begleitet haben und im Folgenden ausführlich erläutert werden, den Absolventinnen wegweisende Denkanstöße für ihren beruflichen Werdegang mitgeben und natürlich auch interessierte Leserinnen und Leser inspirieren.

Darmstadt, im November 2022

Volker Wiskamp

Prof. Dr. Volker Wiskamp
Hochschule Darmstadt, Fb. Chemie- und Biotechnologie
Stephanstraße 7, 64295 Darmstadt
Tel.: 06151-533-68215, E-Mail: volker.wiskamp@h-da.de

Inhaltsverzeichnis

Einleitung

Wie im Vorwort dargelegt, war es meine persönliche Motivation, im letzten Semester vor dem Ruhestand noch einmal zentrale Themen aufzunehmen, die mich drei Jahrzehnte beschäftigt haben, und immer um die Frage kreisend, was das Leben eigentlich ist, meinen letzten zu betreuenden Studierenden zwar keine abschließenden Antworten, aber zumindest interessante Denkimpulse mit auf den Weg in ihr zukünftiges (Berufs)Leben zu geben.

Die Themen für Bachelorarbeiten im Wintersemester 2022/2023, die ich mir überlegt hatte, griffen einerseits Aspekte auf, die ich in meinem in den letzten beiden Jahren publizierten Ökologie-Quartett [1-4] (Abb. 1) entwickelt habe. Es waren Fragen, wie Grüne Biotechnologie und Nachhaltige Chemie dazu beitragen können, die vielschichtigen Krisen der Welt in den Griff zu bekommen und wie sie die Zukunft unseres Planeten, der Natur und der Menschheit prägen werden.

Weitere Ideen lieferte mir das Ende 2021 erschienene Buch von Merlin Sheldrake [5], zu dem wir eine Rezension geschrieben haben [6] (Abb. 2). Allein schon der Titel des Werkes hatte mich neugierig gemacht: »Verwobenes Leben«. Das ist ein anderer Ausdruck für das, was man in der Ökologie immer wieder feststellt: „Alles hängt mit allem zusammen“. Bei dem enthusiastischen Pilzforscher Sheldrake geht es hauptsächlich um das unterirdische Wood Wide Web, ein schier unendlich vernetztes Universum. Sollten wir die Welt von den Pilzen her denken?

Schließlich wollte ich enzymatische Reaktionen reflektieren, weil sie uns einfach staunen lassen, wie faszinierend die molekularen Grundlagen des Lebens sind, und wie sie bestimmt auch vorbildlich für industriell-chemische Entwicklungen in der Zukunft sein können – von der Natur lernen! Dazu gehört auch, die Fotosynthese soweit wie möglich technisch nachzustellen, insbesondere aus der Sonnenenergie elektrischen Strom und damit grünen Wasserstoff zu gewinnen. Denn die Sonne ist die Antriebskraft des Lebens und schickt keine Rechnung.

Im Folgenden sind die acht Bachelorarbeiten zusammengefasst.

Parvaneh Shoghian [7]

Chemische Kampfstoffe in der Natur und ihre Adaption in Landwirtschaft und Medizin

Viele Pflanzen, Pilze und Tiere produzieren Gifte, um ihre Fressfeinde abzuwehren; manche Tiere versetzen ihren Opfern einen giftigen, tödlichen Biss, um sie dann zu vertilgen … Der Einsatz chemischer Kampfstoffe ist in der Natur Gang und Gäbe. Im ersten Teil der Bachelorarbeit werden Beispiele, die in die Vorlesungen über Bio- und Naturstoffchemie passen, unter chemischen und toxikologischen Gesichtspunkten (Wirkmechanismen) beschrieben: Nikotin, Curare, Muscarin, Ergolin, Psilocybin, Penicillin, Cantharadin, Batrachotoxin, Schlangen- und Skorpiongifte. Im zweiten Teil wird gezeigt, dass auch Menschen Gifte verwenden – u.a. um sich gegenseitig umzubringen. Gängige Kampfstoffe (Chlor, Phosgen, Senfgas, Tabun, Sarin) werden allerdings nur kurz angesprochen; vielmehr wird betont, dass ihr Einsatz international geächtet ist, aber dennoch gelegentlich erfolgt. Ausführlicher behandelt wird, wie Chemiker und Bio(techno)logen Pilz-, pflanzliche und tierische Gifte zu Pflanzenschutzmaßnahmen oder Arzneimitteln umarbeiten, z.B. Bt-Toxine in gentechnisch verändertem Mais, Nikotin zu Neonikotinoiden, Psilocybin und LSD als Psychopharmaka, Penicillin als Antibiotikum, Schlangengifte zu ACE-Hemmern, Skorpiongifte in der Krebsbehandlung, und welches Entwicklungspotenzial sich dahinter verbirgt.

Myriam Ben Nticha [8]

Grüne Biotechnologie in Schwellen- und Entwicklungsländern

Zu den Nachhaltigkeitszielen der Agenda 2030 gehören u.a. Sicherung der Ernährung der Weltbevölkerung, Kampf gegen Armut, globale Gerechtigkeit, Umwelt- und Klimaschutz. Welche Bedeutung hat die Grüne Biotechnologie (insbesondere die Grüne Gentechnik) in diesem Zusammenhang? Ist sie für Schwellen- und Entwicklungsländer ein Segen oder ein Fluch? Welche ökologischen Konsequenzen ergeben sich aus ihrer Anwendung? Diese Fragen werden an Beispielen wie Golden Rice oder glyphosatresistenter Soja diskutiert. Die Beispiele ergänzen die bestehenden Vorlesungen der Biochemie und Biotechnologie an der Hochschule Darmstadt. Zu jedem Beispiel werden (bio)chemische, anwendungstechnische, sozial-ökonomische und ethische Aspekte betrachtet.

Majda M'hamdi Alaoui [9]

Die Bedeutung von Pilzen für das Ökosystem Boden – eine fachdidaktische Reflexion des Buches »Verwobenes Leben« von Merlin Sheldrake

Das exzellent bewertete Buch des Pilzforschers M. Sheldrake [5] (s. unsere Rezension in Abb. 2) dient als Grundlage einer fachdidaktischen Studie. Das Buch ist populärwissenschaftlich geschrieben; die angesprochenen chemischen und biologischen Phänomene werden in der Bachelorarbeit mit einem wissenschaftlichen Tiefgang und für fortgeschrittene Studierende gut verständlich verdeutlicht. Insgesamt soll unter dem Nachhaltigkeitsziel der Hochschule Darmstadt exemplarisch das Ökosystem Boden, das „Universum unter unseren Füßen", in seiner Bedeutung und Gefährdung betrachtet werden. Pilze sind maßgelblich für die Bildung und Gestaltung des Bodens verantwortlich; sie sind Destruenten, Produzenten, Parasiten und Symbionten zugleich. Konkret werden folgende Fragen beantwortet: (1) Wie funktioniert die Symbiose von Pilzen und Algen und wie schaffen es die resultierenden Flechten, Gesteinsmaterial, z.B. Magma, zu solubilisieren und auf diese Weise Mineralien für einen wertvollen Humusboden bereitzustellen? (2) Wie gelingt Pilzen der Ligninabbau und somit das Recycling von abgestorbenem Holz zu Humus? (3) Wie funktioniert die Symbiose von Pilzen und Pflanzenwurzeln? Wieso kann das resultierende Mykorrizha-Netzwerk als Wood Wide Web bezeichnet werden und wie funktioniert darin der Stoff- und Signalaustausch? (4) Wie lebt ein Pilz in Symbiose mit Blattschneiderameisen und warum verhält sich ein anderer Pilz gegenüber Rossameisen wie ein Zombie? Welche Kommunikationsstrategie benutzen Trüffel für ihre Fortpflanzung?

Khaoula Lemalmi [10]

Pilze als Dienstleister in der Biotechnologie – eine fachdidaktische Studie zum Buch »Verwobenes Leben« von Merlin Sheldrake

Auch diese Bachelorarbeit basiert auf dem Buch von M. Sheldrake [5]. Unter dem Nachhaltigkeitsziel der Hochschule Darmstadt wird exemplarisch die Bedeutung von Pilzen als wertvolle Helfer in der Biotechnologie betrachtet, denn Pilze sind vielseitige Dienstleister, was an folgenden Beispielen deutlich wird: (1) Bäckerhefe. (2) Alkoholische Gärung, auch mit kritischer Diskussion von Bioethanol als nachwachsendem Kraftstoff. (3) Pilze in der biotechnologischen Produktion von Arzneimitteln (Penicillin, Cyclosporin, Taxol, Insulin, Impfstoffe, Psychopharmaka wie Psilocybin und LSD). (4) Pilze im Umweltschutz (Abbau von Öl, Kunststoffen und Sprengstoffen, Absorption von Radioaktivität, Filtration von Schwermetallen im Wasser). (5) Pilzleder.

Hasareh Moradi [11]
Computerunterstützte Visualisierung biochemischer Moleküle und Reaktionen – eine fachdidaktische Arbeit zur Erstellung von Unterrichtsmaterialien

Biochemische Reaktionen vermitteln ein tiefes Verständnis von Lebensprozessen. Wegen ihrer hohen Komplexität sind sie aber für Studierende nicht selten schwer verständlich. In der Lehre ist deshalb ihre Visualisierung, die über die übliche *zweidimensionale* in Textbüchern und Tafelbildern hinausgeht, besonders wichtig. Im ersten Teil der Bachelorarbeit werden im Internet frei verfügbare Lernvideos über enzymatische Reaktionen recherchiert und auf ihre Eignung für die Lehre geprüft. Im zweiten Teil werden eigene Reaktionen mit geeigneten Grafikprogrammen *dreidimensional* modelliert (virtual, mixed and augmented reality).

Maha Ben Hamouda [12]
Green Chemistry und Green New Deal
Da im Fachbereich Chemie und Biotechnologie der Hochschule Darmstadt in Kürze die momentane Vorlesung „Industrielle Anorganische und Organische Chemie“ durch eine Vorlesung „Nachhaltige Chemie“ ersetzt wird, leistet die Bachelorarbeit dazu eine fachdidaktische Vorarbeit. Im ersten Teil werden typische Arbeitsfelder der Green (Industrial) Chemistry vorgestellt, z.B. grüner Wasserstoff und seine Verwendung, nachwachsende Kraftstoffe, bioabbaubare Kunststoffe, Naturfarbstoffe, Enzymkatalyse. Im zweiten Teil wird das aus den USA kommende sozialökologische Konzept des „Green New Deal“ und das von der EU adaptierte des „Green Deal“ erläutert. Zum Schluss – Chemie, Biologie und Wirtschaft verbindend – wird herausge-

arbeitet, wie die Green Chemistry dazu betragen kann, dem Green Deal zum Erfolg zu verhelfen.

Houda Bark [13]

Das kommende Zeitalter des Grünen Wasserstoffs

Die Bachelorarbeit beginnt mit einer kurzen Beschreibung der Fotosynthese. Warum? Weil die grünen Pflanzen es verstehen, die Sonnenenergie zu nutzen, um Wasser zu Sauerstoff, Protonen und Elektronen zu zerlegen. Die Protonen und Elektronen verbinden sich zwar nicht zu Diwasserstoff – der würde den Pflanzen nichts nützen –, sondern werden gemeinsam auf dem Trägermolekül $NADP^+$ zu $NADPH/H^+$ gespeichert. Der so fixierte „Wasserstoff" wird dann genutzt, um insbesondere die Luftbestandteile Kohlenstoffdioxid zu Zucker und Distickstoff zu Ammoniak zu reduzieren. Dies kann und muss technisch nachgeahmt und dabei ausgenutzt werden, dass die Sonne keine Rechnung schickt: Mit Photovoltaik, Solarthermie und (indirekt mit) Windrädern wird Sonnenlicht in grünen elektrischen Strom umgewandelt; mit diesem kann eine Wasserelektrolyse betrieben werden; der gebildete grüne Wasserstoff kann in flüssiger Form transportiert oder als Gas durch Pipelines zum Verbraucher gepumpt werden, wo Distickstoff zu Ammoniak, Kohlenstoffoxid zu Methanol, Eisenoxid zu Eisen reduziert wird etc., wo die klassische Erdgas- durch eine Wasserstoffheizung ersetzt wird oder wo Brennstoffzellen für Elektromobilität sorgen. Grauen Wasserstoff, hergestellt durch Steamreforming oder Kohlevergasung unter Freisetzung des Treibhausgases CO_2 braucht man dann nicht mehr. Der Stand der Technik der genannten Verfahren wird beschrieben und Zukunftsperspektiven werden beleuchtet. Dabei werden Möglichkeiten zur Herstellung von grünem Wasserstoff im riesigen Maßstab aufgezeigt, u.a. das Desertec-Projekt und seine aktuellen Weiterentwicklungen.

Nicole Brosch [14, 15]

50 Jahre »Die Grenzen des Wachstums« – Aufbruch in eine ökologische Moderne?

2022 feiert das Buch „Die Grenzen des Wachstums" seinen 50sten Geburtstag. Wie konnte es zum Kult-Buch werden und warum sollte es auch heute noch im naturwissenschaftlichen Unterricht und Studium gelesen werden?

Zunächst wird die Chemie vor 1972 betrachtet, die das Wirtschaftswunder nach dem Zweiten Weltkrieg verblassen ließ (Gewässereutrophierung, DDT, Agent Orange, LSD, Tetrahydrocannabinol) und den Zeitgeist für das Buch lieferte. Dann wird das Weltmodell von 1972 mit den Wechselwirkungen von Bevölkerung, Ressourcen, Nahrung, industrieller Produktion und Umweltverschmutzung mit der aus der Biologie bekannten Populationsdynamik verglichen. Grundgedanken der Systemdynamik, auf der das Modell basiert, werden erläutert. Wie ging es nach 1972 weiter? (1) Umweltkatastrophen reihen sich aneinander (Seveso, Bhopal, Ozonloch, Tschernobyl, Fukushima, Plastik im Meer, Elektroschrott auf illegalen Deponien). Noch keine Rede war 1972 von Kohlenstoffdioxid und dem damit verbundenen Klimawandel, der heute das Zukunftsproblem Nr. 1 ist. (2) Beim Ressourcenverbrauch konzentrierten sich das Autorenteam 1972 auf Erdöl und Erdgas und lag dahingehend falsch, dass es keine limitierten Rohstoffe sind, denn es gibt neue, wenn auch ökologisch problematische Gewinnungsverfahren (Ölsand, Fracking). Öl und Gas sind nach wie vor Konfliktstoffe – wie aktuell der Krieg in der Ukraine zeigt –, genauso wie die Metalle der Elektronikindustrie (Li, Co, Ta, Au, Lanthaniden). (3) Der 1972 vorhergesagte Anstieg der Weltbevölkerung entspricht den aktuellen Prognosen. (4) Genügend Nahrungsmittel stehen zur Verfügung, deren Verteilung ist aber nicht gesichert. Der Einsatz der 1972 noch nicht bekannten Gentechnik in der Landwirtschaft wird heute teilweise negativ beurteilt. Glyphosat und dagegen resistente Kulturpflanzen erlauben zwar der Anbau riesiger Monokulturen, die aber der Artenvielfalt schaden und in Schwellen- und Entwicklungsländern die traditionelle Subsistenzwirtschaft zerstören und zur Verarmung der Landbevölkerung führen. Die Massentierhaltung vergiftet Böden und Grundwasser mit Nitrat und Antibiotika und verstärkt den Treibhauseffekt durch Rinder-Methan. (5) Insgesamt wächst die Weltwirtschaft in dem Irrglauben, es gäbe keine Grenzen. Die wissenschaftlichen Prognosen für die zukünftige Entwicklung des Weltklimas haben einen hohen Präzisionsgrad erreicht (Keeling-Kurve, Hockeyschläger-Diagramm, Graphiken des ICPP). Die Bedrohung ist bestens bekannt, auf Klimakonferenzen und in anderen politischen Kreisen wurden grundsätzlich die richtigen Abwehrmaßnahmen beschlossen (Green Deal hin zu einer ökologisch-sozialen Marktwirtschaft, CO_2-Zertifikatehandel, Erneuerbare-Energien-

Gesetz, Nachhaltigkeitsziele), und großen technischen Fortschritt hin zu umweltfreundlicheren Verfahren gibt es auch: Abwassertechnik, Meerwasserentsalzung, Luftreinhaltung, erneuerbare Energien, grüner Wasserstoff. Zum Schluss wird gefragt: Muss der heutigen Aussage „We won‘t avoid collapse“ von D. Meadows widersprochen werden? Gemäß »Die Grenzen des Wachstums« beginnt die Absterbephase der Menschheit um 2050. Wegen des berechneten Overshoots exponentieller Wachstumskurven kann die unheilvolle Populationsdynamik nur gestoppt werden, wenn bis spätestens 2030 eine weitere Erderwärmung über 1,5 °C be-zogen auf die vorindustrielle Zeit gestoppt wird. Gewinnen wir das Wettrennen gegen die Zeit?

Mit meinen Studentinnen habe ich mich einmal wöchentlich in einer Videokonferenz getroffen. In unserem Seminar kristallisierte sich heraus, dass *Leben* etwas ist, das sich *zwischen Kampf und Kooperation* abspielt, in durchaus unterschiedlichen Facetten. Wie leben Pflanzen, Tiere, Pilze zusammen – symbiotisch, altruistisch, feindlich, parasitär, in Sklaven(halter)gesellschaften? Wie kommunizieren sie – durch Stoffaustausch oder über warnende oder lockende Botenstoffe? Nimmt der Mensch eine Sonderstellung ein? Fasst er sich anthropozentrisch als Nutznießer (Ausbeuter) der Natur auf oder als ihr integraler Bestandteil, der auf Nachhaltigkeit bedacht ist? Insgesamt offenbarte sich uns ein vielseitiges Spektrum biochemischer Interaktionen. Diejenigen Aspekte, welche die Vorlesungen über Bio- und Naturstoffchemie bereichern können, haben wir in den Kapiteln 1-5 zusammengeschrieben.

Damit ist das Buch-Thema keineswegs erschöpft. Doch die acht Studentinnen haben sich gewiss dem Ziel genähert zu erkennen, „was die Welt im Innersten zusammenhält“. Und interessierten Leserinnen und Leser dieses Buches wird es hoffentlich genauso gehen. In diesem Sinne soll das Buch auch Anregungen für die Biochemie-Lehre anderswo liefern.

Noch zwei redaktionelle Anmerkungen. Im folgenden Text tauchen in Abbildungen viele Strukturformeln von Verbindungen auf: Nikotin, Penicillin, Sarin … Diese wurden Wikipedia entnommen und werden, da sie gemeinfrei sind, nicht zitiert. Fotos von Pflanzen, Käfern, Fröschen, Pilzen etc. erscheinen hier nicht als solche – das wäre aus Copyright-Gründen kaum möglich gewesen und hätte das Buch außerdem sehr teuer gemacht –, sondern als Hyperlinks, ebenso Lernvideos und interaktive dreidimensionale Enzymmodelle aus dem Internet. In der elektronischen Version des vorliegenden Buches reicht ein Klick, um die Bilder und Videos anzuschauen. Diese Vorgehensweise habe ich schon bei meinem Buch über die virtuelle Museumsausstellung »Vom Anthropozän ins Symbiozän« [3] praktiziert, womit Studierende gut zurechtgekommen sind.

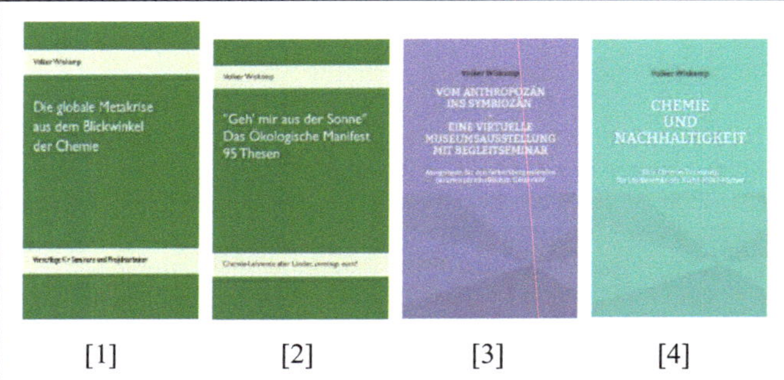

[1] [2] [3] [4]

[1] *„Die Welt ist in einer Metakrise" und „Chemie ist einfach alles". Diese beiden Aussagen verbindet V. Wiskamp, denn er ist der Meinung, dass die Chemie die Basiswissenschaft ist, von der ausgehend man zunächst die Materie, dann das Leben und schließlich die ganze Welt in ihrer Komplexität und ihrer vielfältigen Bedrohung durch Übervölkerung, Ressourcenknappheit, Energieverschwendung, Umweltverschmutzung, Pandemien, Krieg, Migration, Artensterben und Klimawandel verstehen kann. Der Autor hat in den letzten Jahren regelmäßig Seminare und Projekte zu ökologischen Fragestellungen angeboten, über deren Intention und Verlauf er berichtet. Die Schwerpunkte sind dabei unterschiedlich. Mal stehen historische, wirtschaftliche und philosophisch-ethische Aspekte im Vordergrund, mal wird ein Ernährungsstil-Praktikum durchgeführt, mal werden Klassiker der Öko-Literatur sowie aktuelle populärwissenschaftliche Bücher, Biografien, Romane, Dokumentar- oder Spielfilme besprochen bzw. rezensiert. Allen Seminaren und Projekten ist gemeinsam, dass aus dem Blickwinkel der Chemie die Welt und insbesondere ihre ökologische Bedrohtheit beleuchtet wird.*

[2] *Die Welt steht vor einer gewaltigen ökologischen Herausforderung. Was kann der Chemieunterricht an Schulen und Hochschulen unter Hinzuziehung vieler anderer Fachdisziplinen dazu beitragen, jungen Menschen*

die Hoffnung zu geben, dass die Öko-Krise gemeistert werden kann? Dazu werden den Lehrenden im ersten Teil des Buches 95 Tipps gegeben, bevor im zweiten Teil in 17 Kapiteln locker, humorvoll und trotzdem lehrreich über die Chemie geplaudert wird. Z.B. ist für V. Wiskamp Diogenes der weiseste Chemiker aller Zeiten, denn mit „Geh mir aus der Sonne" hat er bereits gesagt, dass der Schlüssel zur Überwindung der Öko-Krise die Nutzung der Sonnenenergie ist.

[3] *Dieses Buch ist ein virtuelles Museum mit seminaristischem Begleitprogramm, interaktiv mit dem Internet. Über 100 Gemälde, Fotos, Karikaturen und Cartoons, die verschiedene Aspekte der Öko-Krise thematisieren, in der sich die Welt befindet, sind zusammengestellt, werden im Internet betrachtet, im Text interpretiert und mit Vorträgen von und Interviews mit bekannten Personen aus Wissenschaft, Politik, Wirtschaft, Philosophie und Journalismus, die über YouTube verfügbar sind, in Bezug gebracht. Das Buch möchte den naturwissenschaftlichen Unterricht an Schulen und Hochschulen mit anderen Fachdisziplinen verbinden, um durch eine tiefere ökologische Bildung vielleicht doch noch die Welt zu retten.*

[4] *Chemie – Nein Danke! Das sagen viele jungen Menschen, wenn man ihnen mit stöchiometrischem Rechnen und Reaktionsmechanismen kommt. Dabei eröffnet gerade die Chemie ein Verständnis für ökologische Zusammenhänge und globale Krisen und kann maßgeblich zu einem nachhaltigen zukünftigen Leben beitragen. Im Buch wird eine Wahlpflicht-Vorlesung für Studierende der Nicht-MINT-Fächer gehalten, wobei spannende Stoffgeschichten erzählt werden. U.a. berichten Zucker, Kohlendioxid, Eisen, Aspirin und ihre Freunde, wie sie die Geschichte der Menschheit geprägt haben und wie sie deren Zukunft einschätzen.*

Abbildung 1: Das Ökologie-Quartett von V. Wiskamp mit den Kurzeschreibungen auf den Buchrückseiten [1-4].

In Ökologie-Seminaren haben wir immer wieder betont, dass alles mit allem zusammenhängt, sodass uns der Titel des Buches und erst recht die zahlreichen positiven Pressestimmen darauf neugierig gemacht haben. In der Tat hat der junge britische Pilzforscher Merlin Sheldrake ein populärwissenschaftliches Meisterwerk geschrieben, das sich als motivierendes Geschenk für naturwissenschaftlich interessierte Oberstufenschülerinnen und -schüler und Studierende der Chemie und Biologie sowie als ergänzende Lektüre in Seminaren und als Basis für Referate besonders gut eignet.

Sheldrake ist ein wahrer Pilz-Freak und scheut auch keinen – wissenschaftlich kontrollierten und ausgewerteten – Konsum psychedelisch wirksamer Pilze. Er möchte die Pilze in erster Linie als die maßgeblichen Gestalter des Bodens vorstellen, des Universums unter unseren Füßen, aus dem das Leben hervorgeht und in das es zurückkehrt. Die Fruchtkörper der Pilze, die wir genüsslich essen oder die uns vergiften, sowie die Pilze, die als Parasiten unsere Nutzpflanzen oder uns selbst befallen und gegen die wir mit Fungiziden vorgehen, thematisiert Sheldrake nur am Rande, ebenso die alkoholische Gärung durch Hefen. Ihm geht es um das unterirdische Leben der Pilze.

Zwei Lebensformen stehen im Zentrum seiner lebendigen und mit persönlichen Erlebnissen angereicherten Ausführungen: Flechten und Mykorrhizae. Eine Flechte entsteht bei einer Symbiose von Pilz und Alge. Die fotosynthesebetreibende Alge liefern dem Pilz Zucker als energiereichen Nährstoff, während der Pilz die Alge mit Mineralien versorgt. Flechten gehören zu den Pionieren der Bodenbildung. Sie können sich z.B. auf erstarrter Lava einnisten, mit ihren gebildeten Säuren das Gesteinsmaterial auflösen und die für einen fruchtbaren Boden erforderlichen Mineralien solubilisieren. Mykorrhizae bilden das Wood Wide Web. Hier gehen mehrere unterschiedliche Pilze mit zahlreichen Pflanzenwurzeln ein oft kilometerweit verzweigtes Netzwerk ein. Bei dieser Symbiose profitieren die Partner wie bei den Flechten vom gegenseitigen Zucker/Mineralien-Austausch; darüber hinaus können aber auch große Bäume mit intensiver Fotosynthese die im Schatten lebenden kleinen Pflanzen über die Pilz-

Leitung mit Zucker versorgen. Außerdem werden über das Netzwerk Botenstoffe von einer von Fressfeinden angegriffenen Pflanze an ihre Nachbarn als Warnsignale verschickt. Ist das Wood Wide Web quasi das Gehirn des Bodens? Können Pflanzen und Pilze denken und planen?

Sheldrake schildert diese Symbiosen aus verschiedenen Perspektiven. Pflanzenzentriert: Was ist der Vorteil für eine Pflanze? Pilzzentriert: Worin besteht der Profit des Pilzes? Und anthropozentrisch: Wie denken wir Menschen darüber und wie wird unser Leben durch das Leben im Boden geprägt? Auf diese Weise schafft der Autor einen Bewusstseinswandel bei seinen Leserinnen und Lesern. Wir Menschen sollten nicht denken, dass wir über der Natur stehen und sie als Quelle für unseren Wohlstand ausbeuten dürfen, sondern dass auch wir Symbionten mit den Pilzen und Pflanzen (und anderen Lebewesen) sind bzw. sein sollten.

Zwei Geschichten haben uns besonders beeindruckt, die von „Hackern" des Wood Wide Webs und die von „Zombie"-Pilzen. Es gibt Pflanzen wie die blaublütige Voyria tenella oder die schneeweiße Gespensterpfeife, die keine Chloroplasten besitzen, also keine Fotosynthese betreiben können, dafür aber das WWW anzapfen, um Zucker und Nährstoffe zu erhalten. Dass die Mykorrhizae sich hier altruistisch verhalten und diese Pflanzen ohne Gegenleistung versorgen, wäre natürlich eine sehr liebenswürdige Interpretation, zumal Pilze auch zu Zombies werden können. Der Pilz Ophiocordyceps infiziert nämlich die Rossameise, manipuliert deren Bewusstsein mit der psychedelischen Droge Psilocybin, sodass das Insekt an einer Pflanze bis in die abenteuerliche Höhe von 25 cm klettert und sich dort an der Unterseite eines Blattes festbeißt. Nach diesem „Todesbiss" wächst der Fruchtkörper des Pilzes aus dem Körper der Ameise heraus, um seine Sporen für die Fortpflanzung auf luftiger Höhe optimal verteilen zu können. Wahrhaft gruselig!

Da Pilze Lignin abbauen und auf diese Weise tote Bäume zu Humus recyceln, ist Sheldrake optimistisch, dass sie auch manche Hinterlassenschaften der Menschheit wie Öl, Kunststoffe, Sprengstoffe oder radioaktive Abfälle entsorgen können, und nennt bereits existierende, ermutigende Beispiele dafür. Penicillin aus dem Stoffwechsel eines Pilzes ist längst ein unverzichtbares Medikament; mittlerweile kann auch eine Insulin-Vorstufe von einem Pilz hergestellt werden, was die Behandlung von Diabetes weiter erleichtern könnte. Und Schuhe aus Pilz-Leder für den überzeugten Veganer gibt es ebenfalls. Sollten wir die Zukunft also von den Pilzen her denken?

Abbildung 2: Rezension zum Buch von Merlin Sheldrake »Verwobenes Leben – Wie Pilze unsere Welt formen und unsere Zukunft beeinflussen« [6].

1 Leben im Kampf

Der Löwe verhungert, wenn er die Antilope nicht tötet und frisst. Als Waffen setzt er seinen Fangbiss und seine mächtigen Pranken ein. Die Antilope vertraut zu ihrer Verteidigung auf ihre schnellen Beine.

Hier haben wir einen typischen Überlebenskampf, allerdings einen ohne Mitwirkung von „Chemie“. Als Chemiker möchten wir uns in diesem Kapitel aber bevorzugt auf ausgewählte Überlebenskämpfe konzentrieren, bei denen Chemie in Form von *Giften* im Spiel ist, mit denen sich Lebewesen – auch Menschen – verteidigen bzw. mit denen sie angreifen. Die biochemischen Wirkungsmechanismen werden erläutert.

Gifte sind Stoffe, die einem Lebewesen oder einem ganzen Ökosystem schaden und es im Extremfall töten. „Du Giftmischer!“ So ist schon mancher Chemiker angefeindet worden. Zu Recht, wenn er in böser Absicht handelt. Das ist dann aber kein naturwissenschaftliches, sondern ein ethisches Problem. Stoffe haben ihre charakteristischen Eigenschaften, und hatte nicht schon vor einem halben Jahrtausend Paracelsus betont, dass alle Stoffe – und Chemie ist die Wissenschaft der Stoffe – sehr schädlich, aber auch sehr nützlich sein können und dass es dabei nur auf ihre Konzentration ankomme? Soviel wie wir heute wissen, ist unter allen Lebewesen nur der Mensch, der über den Einsatz von Giften im Sinne von Gut und Böse entscheiden kann.

Zu diesem Thema ist auch ein Artikel von R. Kickuth über „Biologische Waffen – schon im Altertum genutzt“ sehr lesenswert [16].

1.1 Gifte zur Verteidigung

Pflanzen, Pilze und Tiere wollen nicht gefressen werden, sodass sie oftmals Gifte gegen ihre Fressfeinde einsetzen, diese damit im Sinne einer Notwehr umbringen oder ihnen zumindest das weitere Zubeißen vergraulen. Wir Menschen bekämpfen manche der uns oder unsere Haustiere befallenden Krankheiten mit Giften. Das ist ein Teilbereich der Medizin bzw. Tiermedizin. Außerdem mögen wir es nicht, wenn Insekten, Pilze oder Unkräuter unsere Nutzpflanzen angreifen und die Ernte kaputt machen. Gegen diese Feinde gehen wir deshalb häufig mit giftigen Stoffen vor. Das ist eine gängige Methode des Pflanzenschutzes.

Im Folgenden werden Beispiele diskutiert.

1.1.1 Gifte gegen Fressfeinde

Wie wehren sich Pflanzen, Pilze und Tiere mit Hilfe vom Giften gegen ihre Fressfeinde? Wie haben sich Menschen diese Abwehrstrategien zunutze gemacht und was ist dabei gelegentlich schiefgegangen?

1.1.1.1 Pflanzen wehren sich

Wenn eine Tabakpflanze (Abb. 3) von einem Fressfeind, z.B. einer Raupe, befallen wird, erhöht sie in ihren Blättern die Konzentration an Nikotin (Abb. 4, Mitte). Dieser Stoff ist für den Feind ein Nervengift, sodass er von der Pflanze ablässt.

https://de.wikipedia.org/wiki/Tabak_(Gattung)#/media/Datei:Tabak_9290019.JPG

Abbildung 3: Feld mit Tabakpflanzen. Der lateinische Name der Pflanze, *Nicotina tabacum*, weist schon auf den Inhaltsstoff Nikotin hin, der ein Nervengift ist.

Wie ist die Wirkung des Nikotins zu verstehen? Die Beantwortung dieser Frage passt gut in die Biochemie-Vorlesung, weil hier die Signaltransduktion zwischen zwei Nervenzellen – vom Axon der ein Signal aussendenden Zelle zum Dendrit der empfangenden Zelle – mit Hilfe des Neutrotransmitters Acetylcholin (Abb. 4, links) behandelt wird.

Das aus den Vesikeln der präsynaptischen Membran in den synaptischen Spalt freigesetzte Acetylcholin, ein Ester aus dem Aminoalkohol Cholin und Essigsäure, bindet über eine ionische und eine Wasserstoffbrückenbindung an einen Rezeptor in der postsynaptischen Membran. Auf diese Weise wird die empfangende Zelle aktiviert und das Signal ist weitergegeben. Damit sie nun nicht in einem permanent angeregten Zustand verharrt, wird das Acetylcholin von einer Esterase hydrolysiert; die beiden Bauteile des Botenstoffes fallen vom Rezeptor ab, diffundieren durch den synaptischen Spalt zurück und werden im Axon mit Hilfe des Enzyms Cholinacetyltransferase wieder verestert, sodass Acetylcholin für eine neue Signalübertragung recycelt ist. In diesen Mechanismus greift Nikotin an. Es kann nämlich in seiner am aminischen Stickstoff protonierten Form wie das Acetylcholin an dessen Rezeptor binden (s. auch Abb. 17), wird dann aber nicht wieder von diesem abgelöst, sodass die das Signal empfangende Zelle im angeregten Zustand bleibt, was eine Nervenlähmung mit im Extremfall tödlicher Konsequenz zur Folge hat.

In den Lernvideos 1 und 2 sind die Signaltransduktion mit Acetylcholin und die Wirkungen von Nervengiften genauer und sehr anschaulich erläutert. (Siehe auch die Lernvideos 14 und 15 und die Enzym-Visualisierung 1 im Kapitel 4.3.3.)

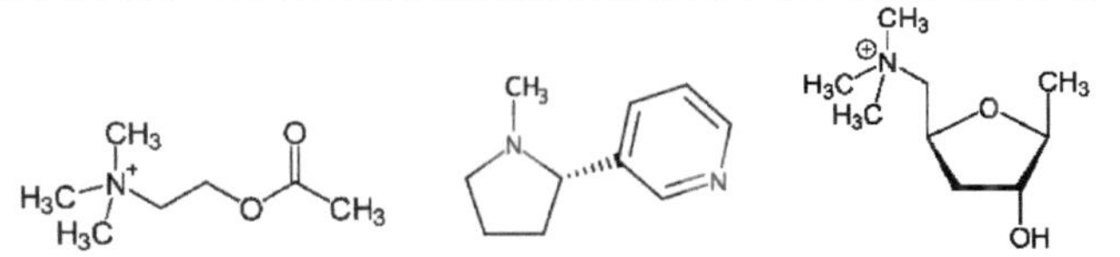

Abbildung 4: Der Neurotransmitter Acetylcholin (links) und die Nervengifte Nikotin (Mitte) und Muscarin (rechts).

https://studyflix.de/biologie/acetylcholin-3001

https://studyflix.de/biologie/synapsengifte-2890

Lernvideos 1 und 2: Wirkung des Neurotransmitters Acetylcholin und einiger Synapsengifte. (Studyflix, 4 bzw. 5 Minuten)

Weitere Beispiele für Giftpflanzen sind in einem lesenswerten Themenschwerpunkt im fachdidaktischen Journal Chemie in Labor und Biotechnik (CLB) beschrieben [17].

1.1.1.2 Pilze wehren sich

Obwohl er ästhetisch verlockend aussieht, haben potenzielle Fressfeinde vor dem Fliegenpilz (Abb. 5) Respekt, weil er sich mit dem Gift Muskarin (Abb. 4, rechts) wehrt. Dieses wirkt ähnlich wie das in Kapitel 1.1.1.1 diskutierte Nikotin.

https://de.wikipedia.org/wiki/Muscarin#/media/Datei:Amanita_muscaria.jpg

Abbildung 5: Ein Fliegenpilz. Sein lateinischer Name, *Amanita muscaria*, verrät schon, dass er Muscarin, ein Nervengift, produziert.

Wie fast alle Lebewesen werden auch Pilze von schädlichen Bakterien angegriffen. Um sich davor zu schützen, produziert der Schimmelpilz *Penicillium chrysogenum* (Abb. 6) einen Abwehrstoff, den Alexander Flemming (Abb. 7) 1928 entdeckt und Penicillin (Abb. 8) genannt hat.

https://de.wikipedia.org/wiki/Penicilline#/media/Datei:Penicillium_notatum.jpg

https://de.wikipedia.org/wiki/Penicilline#/media/Datei:Alexander_Fleming.jpg

Abbildungen 6 und 7: Der Schimmelpilz *Penicillium chrysogenum* und der Entdecker des Penicillins, Alexander Flemming.

Penicilline (Abb. 8) werden heute in Pilzkulturen produziert, daraus isoliert und ggf. chemisch modifiziert. Sie sind die wichtigste Klasse von Antibiotika und wirken bei der Zellteilung der Bakterien tötend, indem sie die Synthese der Zellwand behindern und eine osmotische Auflösung der Zellmembran der jeweiligen Bakterien initiieren.

Die Leitstruktur der Penicilline, die 6-Aminopenicillansäure (Abb. 8, oben links), wurde im Laufe der Zeit in mancher Hinsicht verändert [18]. Eins der ersten in größeren Mengen eingesetzten Antibiotika war Benzylpenicillin (Abb. 8, oben Mitte), bei dem die Amingruppe der Leitstruktur mit Phenylessigsäure amidiert ist. Nachteilig bei diesem Wirkstoff war, dass er gespritzt werden musste (parenterale Gabe). Geschluckt werden (orale Gabe) konnte er nicht, weil er nicht säurebeständig ist und sich im salzsauren Medium im Magen zersetzt. Diesen gravierenden Nachteil hatte das weiterentwickelte Phenoxymethylpenicillin (Abb. 8, oben rechts), bei der die 6-Aminopenicillansäure mit Phenoxyessigsäure kondensiert ist, nicht mehr. Dieser Wirkstoff erwies sich als säureresistent und konnte deshalb geschluckt werden, was für die Patienten natürlich viel angenehmer war als eine Spritze zu bekommen. Doch auch dieses Penicillin erwies sich noch nicht als optimal. Es wird nämlich durch ein von vielen Bakterien gebildetes Enzym, die Penicillinase (s. Enzym-Visualisierung 6 im Kap. 4.3.3), welche den β-Lactamring hydrolytisch spaltet, unwirksam gemacht. Die weitere Wirkstoffforschung trug diesem Aspekt Rechnung. Beim Flucloxacillin (Abb. 8, unten links) ist die Penicillin-Leitstruktur über ihre H_2N-Gruppe mit einen besonders sperrigen phenyl- und methylsubstituierten Isoxasol verknüpft, das zudem mit Fluor und Chlor gleich zweimal am seinem aromatischen Ring substituiert ist, so dass die sterische Hinderung für eine Komplexierung durch die Penicillinase zu groß ist und das Molekül folglich durch diese nicht unwirksam gemacht werden kann. Das heute besonders häufig eingesetzte Penicillin ist Ampicillin (Abb. 8, unten rechts), ein Säureamid aus 6-Aminopenicillansäure und (der nicht-essentiellen Aminosäure) α-Phenylglycin. Es ist säureresistent, penicillinase-stabil und tötet nicht nur die mit einer relativ dünnen Zellwand ausgestatteten grampositiven Bakterien, sondern auch die gramnegativen (z.B. Coli-Bakterien), die über eine stabilere Zellwand verfügen. Ampicillin wird deshalb auch als Breitband-Antibiotikum bezeichnet.

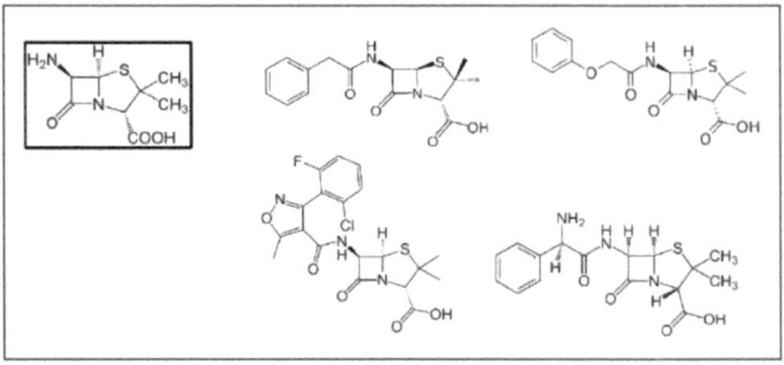

Abbildung 8: 6-Aminopenicillansäure (umrandet) ist die Ausgangsverbindung ihrer Säureamide, die man als Penicilline bezeichnet und deren Wirkungsprofil im Laufe der Zeit optimiert wurde. Nähere Erklärungen im Text.

Die Historie des Penicillins ist gewiss eine der großen Erfolgsgeschichten der Medizin. Doch der zunehmende Einsatz von

Antibiotika, vor allem in Krankenhäusern, wo geschwächte Patienten besonders anfällig gegen bakterielle Infektionen sind, sowie die prophylaktische Nutzung von Antibiotika in der (tierethisch unverantwortbaren) Massentierhaltung haben dazu geführt, dass immer mehr Bakterien resistent werden, und zwar nicht nur gegen Penicilline, sondern auch gegen andere Antibiotika. Man spricht dann von multiresistenten Keimen, die eine ernstzunehmende Bedrohung für die Gesundheit der Menschheit darstellen.

1.1.1.3 Tiere wehren sich

Die Tabakpflanze wehrt sich mit Nikotin gegen ihre Fressfeinde (Kap. 1.1.1.1) und der Fliegenpilz mit Muscarin (Kap. 1.1.1.2); manche Ölkäfer, beispielsweise die Spanische Fliege (Abb. 9), tun dies mit dem Nervengift Cantharadin (Abb. 10).

https://de.wikipedia.org/wiki/Spanische_Fliege#/media/Datei:Lytta-vesicatoria.jpg

Abbildung 9: Die Spanische Fliege, die gar keine „Fliege" ist, sondern ein (Öl)Käfer. Das Außenskelett des Insekts enthält das Nervengift Cantharadin, welches Fressfeinde abschreckt.

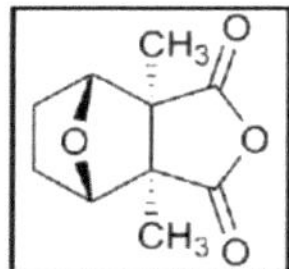

Abbildung 10: Cantharadin, ein Monoterpenoid, das als Nervengift wirkt.

Cantharadin wirkt aber nicht wie Acetylcholin, Nikotin und Muscarin als Neurotransmitter, sondern greift auf eine andere Weise in die Signaltransduktion zwischen Nervenzellen störend ein. Für eine Signalübertragung müssen nämlich Proteine aktiviert bzw. deaktiviert werden. Dies geschieht – wie in der Biochemie sehr oft – durch Phosphorylierung mit Hilfe einer Kinase bzw. Dephosphorylierung mittels einer Phosphatase (s. die Enzym-Visualisierungen 4 und 5 im Kap. 4.3.3). Cantharadin blockiert die Protein-Phosphatase 2A, sodass ein Protein nicht mehr deaktiviert wird, was tödlich sein kann.

Die Biosynthese von Cantharadin läuft über eine mehrstufige Oxidation des Sesquiterpens Farnesol. Eine sehr galante Laborsynthese von W. G. Dauben liefert das Monoterpenoid über eine in der Organik-Grundvorlesung ausführlich thematisierte Diels-Alder-Reaktion (Abb. 11).

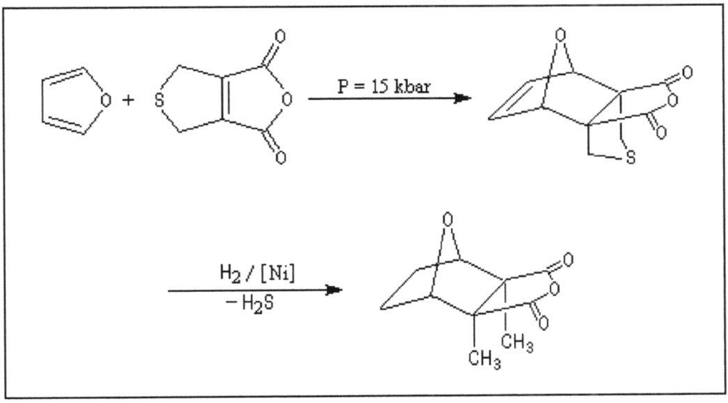

P = 15 kbar

H_2 / [Ni]

$- H_2S$

Abbildung 11: Cantharadin-Synthese auf Basis einer Diels-Alder-Reaktion von Furan und einem Maleinsäureanhydrid-Derivat unter hohem Druck nach W. G. Dauben [19].

Man sagt dem Cantharadin eine sexuell stimulierende Wirkung nach, die zu einer lang anhaltenden Erektion des besten Stücks des Mannes führt. Lustig ist hierzu eine Geschichte (Legende?) aus dem alten Rom. Die Ehefrau des Oktavian soll dessen Konkurrenten um die Nachfolge Caesars bei einem Gastmahl unbemerkt den pulverförmig zerriebenen Panzer der Spanischen Fliege ins Essen gemischt haben, worauf die Herren sexuell ausschweifend wurden, was ihrem öffentlichen Ansehen sehr geschadet habe, sodass der Weg für den nicht-erotisierten Octavian frei wurde, zum späteren Kaiser Augustus aufzusteigen.

Zurück zur Signalweiterleitung zwischen Nervenzellen. Neben den Botenstoffen und den (De)Phosphorylierungsreagenzien spielen noch Ionenkanäle (s. Enzym-Visualisierung 3 im Kap. 4.3.3) für den elektrochemischen Potenzialaufbau eine

Rolle. Die Natriumkanäle werden durch das Steroidalkaloid Batrachotoxin (Abb. 12) blockiert. Mit diesem extremen Gift wehren sich einige im südamerikanischen Regenwald lebende Blattsteiger-Frösche gegen ihre Fressfeinde, z.B. der Schreckliche Pfeilgiftfrosch (Abb. 13). Dieser heißt so, weil er die höchste Konzentration des Nerven-giftes in seiner Haut aufweist. Indigene imprägnieren mit dem Gift ihre Pfeile, um Beutetiere zu verletzen und tödlich zu vergiften. (Vgl. [16].)

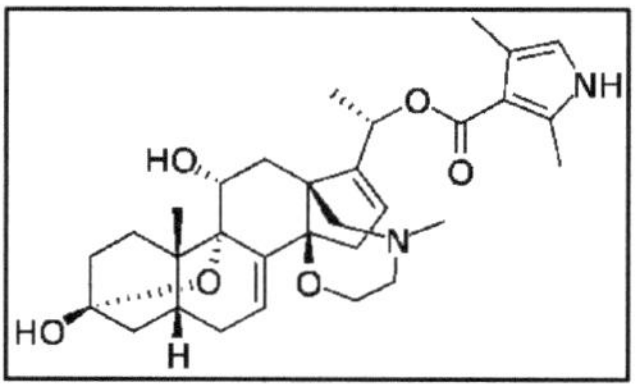

Abbildung 12: Batrachotoxin, eine Alkaloidsteroid, das als starkes Nervengift wirkt.

https://de.wikipedia.org/wiki/Schrecklicher_Pfeilgiftfrosch#/media/Datei:Schrecklicherpfeilgiftfrosch-01.jpg

Abbildung 13: Schrecklicher Pfeilgiftfrosch.

Die Besprechung von Batrachotoxin kann die Naturstoffchemievorlesung sinnvoll ergänzen, weil die Studierenden einige Steroide und von den Alkaloiden das wohl bekannteste, das Morphin, kennen. In dem Froschgift ist die Steroidleitstruktur mit einem tertiären Amin substituiert, das der gesamten Verbindung eine leicht alkalische Eigenschaft verleiht.

1.1.2 Pflanzenschutz

Menschen haben keine direkten Fressfeinde, wenn sie sich nicht gerade ungeschützt und leichtsinnig in der Nähe von Tigern, Eisbären oder anderen großen Raubtieren aufhalten und wenn man von Bakterien, Viren und Parasiten absieht, von denen sie von innen her „zerfressen“ werden und wogegen Arzneimitteln, z.B. Penicillin (Kap. 1.1.1.2), helfen. Allerdings haben Menschen manchmal menschliche Feinde, die ihnen nach dem Leben trachten, sie aber in der Regel nicht aufessen. Von Menschen hergestellte und im Krieg und Terrorismus eingesetzte chemische Kampfstoffe werden separat im Kapitel 1.2.3 besprochen. Im aktuellen Abschnitt sollen vielmehr einige Pflanzenschutzmittel vorgestellt werden; denn die Pflanzen, welche die Menschen für ihre Ernährung und die ihrer Tiere kultivieren, sind insbesondere von Insekten, Pilzen und Unkräutern bedroht, wogegen u.a. mit Giften vorgegangen wird.

1.1.2.1 Chemischer Pflanzenschutz

Der „Klassiker" unter den Insektiziden ist Dichlordiphenyltrichlorethan, DDT (Abb. 14). Es war das bisher effektivste Mittel gegen die Anopheles-Mücke, welche die Tropenkrankheit Malaria überträgt. DDT hat Millionen Menschen das Leben gerettet – eine große Erfolgsgeschichte, in der Tat. Doch etwas ist schiefgegangen, womit man bis zum Ende der 1950er Jahre nicht gerechnet hatte. Wegen seiner Persistenz, d.h. seiner biologischen Nicht-Abbaubarkeit, verteilte sich DDT über die Nahrungskette weltweit, wurde sogar im Fettpolster von Pinguinen in der Antarktis nachgewiesen, und entwickelte sich so zu einem schleichenden, globalen Umweltgift. Des Weiteren wurde das Phänomen der Resistenz-Bildung bei den zu bekämpfenden Insekten beobachtet. (Vgl. die im Kapitel 1.1.1.2 besprochenen multiresistenten Bakterien, die praktisch mit keinem Antibiotikum mehr bekämpft werden können.)

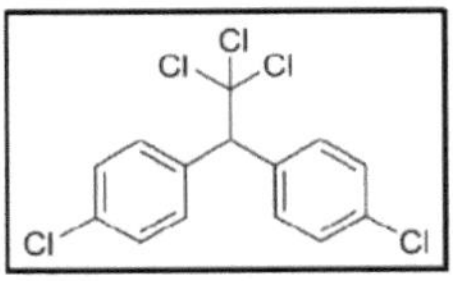

Abbildung 14: Das Insektizid Dichlordiphenyltrichlorethan (DDT).

DDT ist ein Nervengift. In der Membran der Nervenzellen – auch der malariaübertragenden Anophelesmücke – gibt es spannungsgesteuerte Kanäle, durch die Natriumionen nach der Auslösung eines Nervenimpulses strömen. Um die Aktivierung der Nervenzelle zu beenden, müssen die Natriumkanäle wieder geschlossen werden. Dies verhindert die chlororganische Verbindung, indem sie sich mit einem Molekülteil in den langestreckten hydrophoben Hohlraum des Kanals einlagert. Aufgrund dieser Signalübertragungsstörung beginnen die an die Nervenzellen grenzenden Muskelzellen zu zittern, nach einiger Zeit werden sie gelähmt und das betroffene Lebewesen stirbt – nach Paracelsus ein kleineres wie eine Mücke natürlich bei einer geringeren Giftkonzentration als ein größeres.

Eine strukturchemische Änderung der Natriumionenkanäle (Mutation) hatte bei der Anopheles-Mücke zur Folge, dass die beschriebene Blockade mit DDT nicht mehr funktionierte. Auf diese Weise wurden die Insekten gegen DDT resistent.

Nachdem die schädliche Wirkung von DDT bekannt war, dauerte es aufgrund der Interventionen der Lobby der DDT-Produzenten noch gut zehn Jahre, bis sein weiterer Einsatz verboten wurde. Ist es von Giften, die Pflanzen, Pilze oder Tiere zur Selbstverteidigung einsetzen (s.o.), bekannt, dass sie globale ökologische Probleme erzeug(t)en? Das schaffen offensichtlich nur die Menschen. Rachel Carson schrieb 1962 in ihrem Buch »Der stumme Frühling« [20]: „Das hatten die Menschen selbst getan."

Die Generation von Insektiziden, die auf die halogenorganischen Pflanzenschutzmittel folgte, waren die hydrolysierbaren und deshalb nicht persistenten Phosphorsäureester, wovon Parathion unter der Bezeichnung E 605 (Abb. 15) die prominenteste ist.

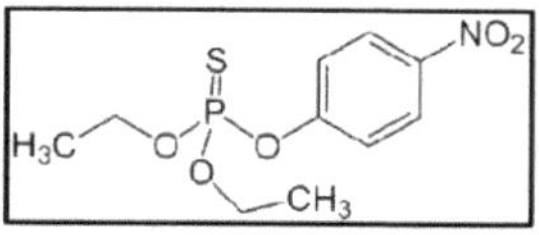

Abbildung 15: Das Insektizid Parathion (E 605), ein als Nervengift wirkender Thiophosphorsäureester.

Parathion, $(C_2H_5O)_2P(S)OC_6H_4NO_2$, ist aus Thiophosphorsäurechlorid, $SPCl_3$, Methanolat und *p*-Nitrophenolat industriell leicht zugänglich. Von einem Insekt aufgenommen, wird der Thiophosphorsäureester mit Hilfe einer Oxidase in den Phosphorsäureester Paraoxon, $(C_2H_5O)_2P(O)OC_6H_4NO_2$, umgewandelt, der als Nervengift fungiert. Erst dieser Metabolit greift inhibierend in die Signalübertragung zwischen benachbarten Nervenzellen ein, indem er die Acetylchlolinesterase blockiert, sodass der wichtige Neurotransmitter Acetylcholin nicht mehr von seinem Rezeptor abgelöst werden kann und eine tödliche Lähmung der Nervenzellen resultiert.

Dieser Wirkungsmechanismus funktioniert auch beim Menschen. E 605 war (ist) ein „beliebtes" Selbstmordgift bzw. wurde als „Schiegermuttergift" verspottet. Ist es von Pflanzen, Pilzen oder Tieren bekannt, dass sie ihre Gifte außer gegen Fressfeinde auch gegen sich selbst oder gegen Artgenossen richten? Das tun offensichtlich nur Menschen.

Das von der Tabakspflanze produzierte Nikotin (Kap. 1.1.1.1) wurde durch eine Wasserdampfdestillation aus Tabaksblättern extrahiert und kurzzeitig als Insektizid verwendet. Es erwies sich aber gegenüber Warmblütern, also auch Menschen, als zu giftig, sodass man nach Alternativen gesucht hat, die möglichst selektiv gegen Insekten wirken, aber eine deutlich abgeschwächte Toxizität gegenüber anderen Lebewesen haben. Synthetisiert wurden einige mit dem Nikotin strukturverwandte sogenannte Neonikotinoide. Eins der meistverkauften ist Imidacloprid (Abb. 16). Es bindet wie Nikotin an den Rezeptor für Acetylcholin und verhindert dadurch eine korrekte Signalübertragung (Abb. 17; s. auch die Enzym-Visualisierung 2 im Kap. 4.3.3).

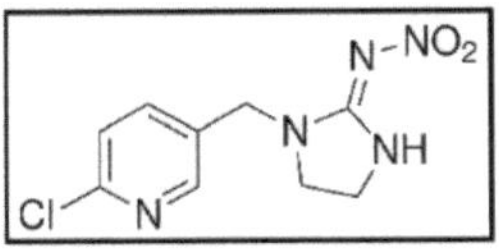

Abbildung 16: Imidacloprid, ein Insektizid aus der Gruppe der Neonicotinoide.

https://de.wikipedia.org/wiki/Neonicotinoide#/media/Datei:Nicotin-Imidacloprid.svg

Abbildung 17: Vergleichbare rezeptorblockierende Wirkung von Nikotin und Imidacloprid.

Neonikotinoide vergiften aber leider nicht nur Fressfeinde von Kulturpflanzen, sondern schaden offensichtlich auch nützlichen Insekten, insbesondere Bienen, die mit der Pflanzenbesteubung eine unschätzbar wichtige – und unbezahlbare – Biosystemdienstleistung erbringen. Es ist sicherlich richtig, dass Imidacloprid und ähnliche Verbindungen nicht alleine für das immense Bienensterben der letzten Jahre verantwortlich sind, aber offensichtlich schwächen sie das Immunsystem der Tiere, sodass diese mit anderen Krankheiten, vor allem dem Befall durch die Varroamilbe (Abb. 18 und 19), nicht mehr fertig werden.

https://de.wikipedia.org/wiki/Varroamilbe#/media/Datei:Varroamilbe.jpg

https://de.wikipedia.org/wiki/Varroamilbe#/media/Datei:Varroa_destructor_bee.jpg

Abbildungen 18 und 19: Varromilbe und eine davon befallene Biene.

Die von Menschen verursachte globale Kontamination mit DDT als Folge der Malaria-Bekämpfung sowie das Insektensterben als Folge des Einsatzes von Neonikotinoiden sind keine akzeptablen Kollateralschäden!

Vom Nikotin zu den Neonikotinoiden, vom Cantharadin (Abb. 10) zum strukturverwandten Endothal (Abb. 20) – es ist in der industriellen Chemie üblich, Verbindungen mit ähnlichem molekularem Aufbau wie ihre natürlichen Vorbilder zu synthetisieren, als Wirkstoffe zu testen und bei positiven Testergebnissen einzusetzen.

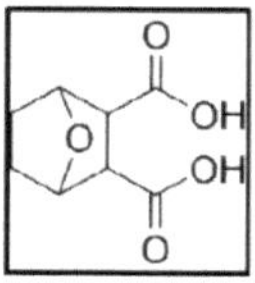

O
OH
O
OH
O

Abbildung 20: Das Hebizid Endothal, ein dem Cantharadin strukturverwandtes Nervengift.

Endothal wird durch eine Diels-Alder-Reaktion von Furan und Maleinsäureanhydrid, gefolgt von einer katalytischen Hydrierung und Hydrolyse hergestellt. Es blockiert wie Cantharadin die Protein-Phosphatase 2A bei der Signaltransduktion (Kap. 1.1.1.3). Bis 1989 durfte Endothal in Deutschland als Herbizid zum Schutz von Zuckerrüben und Spinat eingesetzt werden, danach nicht mehr. Es war wohl ähnlich wie DDT, Parathion und die Neonikotinoide nicht der Weisheit letzter Schluss.

Kritik an Pflanzenschutzmitteln übte auf der (alle fünf Jahre stattfindenden internationalen Ausstellung für moderne Kunst) Documenta 2022 die Künstlergruppe Britto Arts Trust aus Bangladesch. In einem auf den ersten Blick unscheinbarem Gemüseladen (Abb. 21) wurden ein Blumenkohl, der aus einer Pistole herauswächst (Abb. 22), und Paprika-Früchte, die mit dem Zünder einer Handgranate versehen sind (Abb. 23), ausgestellt: Pestizidbelastetes Gemüse wird zur tödlichen Waffe. Ein berechtigter Protest, wenn man bedenkt, dass Pflanzenschutzmittel, die in den reichen Ländern bereits verboten sind, oftmals in Schwellen- und Entwicklungsländern *trotz erkannter gesundheitlicher Risiken* noch länger benutzt werden durften (dürfen) und auch tatsächlich eingesetzt wurden (werden).

https://universes.art/fileadmin/_processed_/3/4/csm_07-2-DSC_4870-A_00bc19ceb1.jpg

https://byemyself.com/wp-content/uploads/2022/07/bye-myself_documenta_fifteen_kassel-0219.jpg

https://encrypted-tbn0.gstatic.com/images?q=tbn:ANd9GcQmrd_5KFZhG37bv41FQAxJyQFUFcYaVnjdm5LDaKmJElOKQ38mJsv5mNP4hiWWMcFw7T8&usqp=CAU

Abbildungen 21-23: Essen und Ernährung als Politikum – wenn pestizidbelastetes Gemüse zur tödlichen Waffe wird. Kunstobjekte aus Bangladesch auf der Documenta 15.

1.1.2.2 Biotechnologischer Pflanzenschutz

Die Gentechnologie spielt beim Pflanzenschutz eine immer größere Rolle. Der Grundgedanke ist dabei verblüffend einfach: Man verändert eine Kulturpflanze mit gentechnischen Methoden so, dass sie im Überlebenskampf gegen Fressfeinde oder Gifte einen Vorteil besitzt.

Der Mais beispielsweise hat zwei gefürchtete Fressfeinde, und zwar den Maiszünsler, einen Schmetterling (Abb. 24), und den Maiswurzelbohrer, einen Käfer (Abb. 25). Nun ist es gelungen, in das Genon des Maises ein Gen des Bodenbakteriums Bacillus thuringiensis (Bt) (Abb. 26) einzuschleusen. Wenn dieses in der Pflanze exprimiert wird, erzeugt es nach dem üblichen Verlauf einer Proteinbiosynthese den Vorläufer eines giftigen Proteins (Prototoxin), der bei einem leicht alkalischen pH-Wert, wie er im Darm der Fressfeinde herrscht, zum eigentlichen giftigen Protein hydrolysiert wird. Das Toxin (Abb. 27) lagert sich an bestimmte Kohlenwasserstoffstrukturen an den Darmwandzellen der Insekten an, was zur Porenbildung führt. Aufgrund dieser „Löcher" in der Zellwand werden osmotische Vorgänge gestört, was für die Insekten tödlich endet.

https://de.wikipedia.org/wiki/Maisz%C3%BCnsler#/media/Datei:Corn_borer.jpg

https://upload.wikimedia.org/wikipedia/commons/0/0e/Diabrotica_virgifera_side.jpg

Abbildungen 24 und 25: Larve des Maiszünsler und Westlicher Maiskapselbohrer.

https://de.wikipedia.org/wiki/Bacillus_thuringiensis#/media/Datei:Bacillus_thuringiensis.jpg

https://de.wikipedia.org/wiki/Bt-Toxine#/media/Datei:Bt_toxin.jpg

Abbildungen 26 und 27: Mikroskopische Aufnahme des Bacillus thuringiensis und Molekülmodell seines Protein-Toxins Cry2Aa.

Genauso wie der Mais kann auch der Baumwolltrauch gentechnisch verändert werden, sodass sich diese für die Textilindustrie unverzichtbare Pflanze mit dem Bt-Toxin gegen ihre beiden Hauptfressfeinde, die Larven zweier Schmetterlinge, und zwar den Baumwollkapselbohrer (Abb. 28) und den Baumwollkapselwurm (Abb. 29), effektiv wehren kann.

Bt-Toxine gelten als harmlos für Menschen, Wirbeltiere und Pflanzen. Sie sind zwar biologisch abbaubar, werden aber über die Wurzeln in den Boden abgegeben. Ob sie dort in das Wood Wide Web (Kap. 2.3) störend eingreifen? Die Frage sei aufgrund der vielen bisherigen unerwünschten Nebenwirkungen chemischer Schädlingsbekämpfungsmitteln erlaubt – und ist wahrscheinlich mit „Ja“ zu beantworten.

https://de.wikipedia.org/wiki/Baumwollkapselbohrer#/media/Datei:Corn_earworm.jpg

https://de.wikipedia.org/wiki/Roter_Baumwollkapselwurm#/media/Datei:Pectinophora_gossypiella_1321029.jpg

Abbildungen 28 und 29: Baumwollkapselbohrer und Roter Baumwollkapselwurm.

Gentechnik ist auch erforderlich, damit das Breitbandherbizid Glyphosat (Abb. 30) überhaupt eingesetzt werden kann. Dieses Phosphonsäurederivat, *N*-(Phosphonomethyl)-glycin, ist vor allem unter dem Handelsnamen Roundup® bekannt, der Programm ist: Wo das Mittel hinkommt, gehen alle Pflanzen ein – außer diejenigen, die über ein gentechnisch eingebautes Resistenzgen gegen das Mittel immunisiert sind.

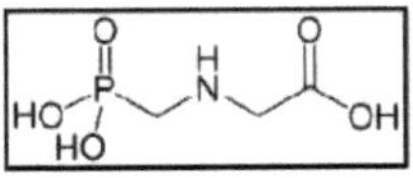

Abbildung 30: Das Herbizid Glyphosat mit dem vielsagenden Markenname Roundup®.

Glyphosat verhindert die Biosynthese der lebenswichtigen aromatischen Aminosäuren Phenylalanin, Tyrosin und Tryptophan (Abb. 31). Es ist aufgrund einer strukturchemischen Ähnlichkeit mit Phosphoenolpyruvat (aktivierte Brenztraubensäure) ein kompetitiver Hemmstoff für die 5-Enol-pyruvylshikimat-3-phosphat-Synthase (EPSPS, s. auch die Enzym-Visualisierung 8 im Kap. 4.3.3), mit deren Hilfe Phosphoenolpyruvat mit Shikimisäure-3-Phosphat zu einem Ether verknüpft wird, von dem ausgehend in mehreren Folgeschritten die gewünschten Aminosäuren zugänglich sind.

Diese Wirkung entfacht Glyphosat allerdings bei Nutzpflanzen *und* Unkräutern gleichermaßen. Sojabohnen beispielsweise können aber gentechnisch vorab so verändert werden, dass sie gegenüber Glyphosat resistent sind. Dazu nutzt man den CP4-

Stamm des Agrobakteriums tumefaciens, der über eine modifizierte 5-Enolpyruvylshikimat-3-phosphat-Synthase (CP4 EPSPS) verfügt, die gegenüber Glyphosat unempfindlich ist. Das bakterielle Gen, auf dem dieses Enzym codiert ist, kann mit einem Plasmid als Vektor in die Nutzpflanze übertragen werden. Diese ist dann dazu befähigt, neben ihrem eigenen Glyphosat-empfindlichen Enzym EPSPS *auch* das bakterielle Glyphosat-resistente Enzym CP4 EPSPS zu exprimieren. Über dieses kann sie nun den Aminosäuresyntheseweg beschreiten und den von Glyphosat blockierten umschiffen.

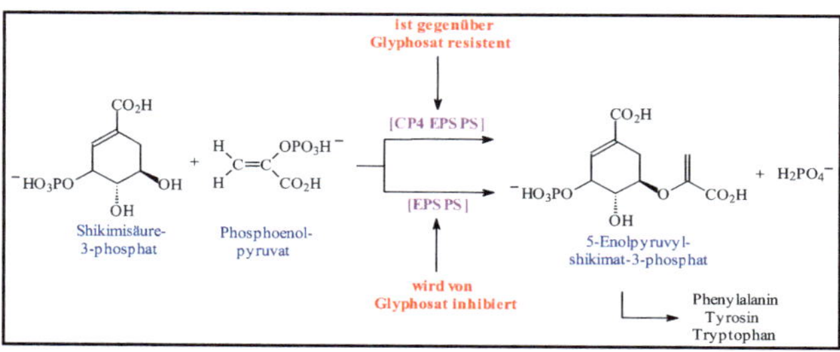

Abbildung 31: Wirkung des Breitbandherbizids Glyphosat und Resistenz. Das Biozid unterbindet die Biosynthese aromatischer Aminosäuren nach dem Shikimisäureweg durch die Hemmung des Enzyms EPSPS. Wenn die Pflanze nach Einschleusung eines bakteriellen Gens aber *zusätzlich* das bakterielle Enzym CP4 EPSPS exprimiert, das gegenüber Glyphosat resistent ist, wird die eigene EPSPS-Blockade umgangen, und die Aminosäuren können produziert werden.

Der Ansatz, Nutzpflanzen durch genetische Veränderung(en) selektiv zu schützen und Unkräuter unspezifisch mit dem für Menschen und Tiere weitgehend ungiftigen und im Boden und Wasser abbaubaren Glyphosat zu vernichten, ist charmant. Doch häufen sich Berichte, dass es immer mehr Unkräutern gelingt, eigene Resistenzen gegen das Mittel zu entwickeln, sodass zu befürchten ist, dass diese Art der Unkrautbekämpfung in Zukunft schwieriger, wenn nicht gar unmöglich werden wird. Wiederholen sich die Probleme, die man mit DDT – der Resistenzbildung der Anopheles-Mücke gegen das Insektizid (Kap. 1.1.2.1) – hatte, in einem anderen Gewand?

Neben dem Kampf der Menschen mit dem Gift gegen die Unkräuter und deren Abwehrkampf gegen das Gift durch Resistenzbildung, hat die Glyphosat-Geschichte noch eine andere durchaus fatale Dimension. Der Einsatz von Glyphosat und gentechnisch verändertem Saatgut hat das Anlegen riesiger Monokulturen (Abb. 32 und 33) erst ermöglicht. Solche führen automatisch zum Verlust an Biodiversität. In den USA kann man das besonders eindrücklich beobachten. Eine blühende Prärielandschaft mit riesigen weidenden Büffelherden kennt man nur noch aus historischen Erzählungen; heute dominiert hingegen der Blick bis zum Horizont über Felder einer einzigen Pflanzensorte. Das Argument, man brauche diese Massenproduktion, um die Ernährung der Menschheit sicherzustellen, ist scheinheilig. Denn der größte Teil der Ernte der gentechnisch veränderten Pflanzen geht in die ethisch nicht vertretbare Massentierhaltung zwecks Milch- und Fleischproduktion, dient also nur indirekt der Ernährung der Menschen und ist energetisch und ökologisch betrachtet kontraproduktiv (Abb. 34). Außerdem wird ein Großteil der gentechnisch veränderten Pflanzen in Schwellen- und Entwicklungsländern angebaut. Für die erforderlichen riesigen Felder wird Urwald gerodet und damit die wichtigste CO_2-Senke auf der Erde zunehmend vernichtet. Des Weiteren verdrängt die Monokulturwirtschaft tradierte kleinbäuerliche Strukturen und treibt viele Bauern in die Armut und manche sogar in den Suizid. Der Einsatz von Glyphosat in der Landwirtschaft ist also nichts anderes als ein Wirtschaftskrieg und hat mit nachhaltigem Umgang mit der Natur und sozialer Gerechtigkeit nichts zu tun.

https://www.imago-images.de/st/0079461801?__hstc=148718056.2f3f33a24b44870ec4a577029c49e44b.1659052800246.1659052800247.1659052800248.1&__hssc=148718056.1.1659052800249&__hsfp=3148624207

Abbildung 34: Ein Melkkarussell. Hier wird ein Kampf zwischen Menschen und Kühen ausgetragen. Die Menschen beuten die Tiere als Milch- und Fleischlieferanten aus, doch die intelligenten Kühe rächen sich für diese Quälerei, die ihnen die Menschen antun, indem sie die Böden und das Grundwasser mit ihrer übermäßig erzeugten Gülle vergiften und indem sie Methan ausrülpsen und ausfurzen und damit den Treibhauseffekt „anfeuern".

https://www.spiegel.de/wirtschaft/sojaanbau-in-suedamerika-entwaldung-fuer-deutsches-tierfutter-a-1199151.html#fotostrecke-53904bf7-0001-0002-0000-000000159441

https://www.spiegel.de/wirtschaft/sojaanbau-in-suedamerika-entwaldung-fuer-deutsches-tierfutter-a-1199151.html#fotostrecke-5d4bc3c5-0001-0002-0000-000000159449

Abbildungen 32 und 33: In Paraguay bzw. Argentinien werden Urwälder gerodet und kleinbäuerliche Subsistenzwirtschaften zerstört, um riesige Soja-Monokulturen für die Produktion von Futter für die Massentierhaltung u.a. in Deutschland aufzubauen.

1.2 Gifte zum Angriff

Manche Tiere benutzen Gifte, um ihre Beutetiere durch einen Biss oder Stich zu töten. Indigene Völker verhalten sich ähnlich, wenn sie z.B. Pfeile mit dem Gift des Schrecklichen Pfeilgiftfrosches bei der Jagd verwenden (Kap. 1.1.1.3). Schlangen oder Skorpione setzen ihre Gifte allerdings nicht zum Töten von Artgenossen ein. Das machen Menschen aber gelegentlich im Krieg oder bei terroristischen Anschlägen. Andererseits haben kreative Wissenschaftler die Kampfgifte auf dem Tierreich genauer untersucht, um davon ausgehend neue Medikamente zum Wohle der Menschheit zu entwickelt, wie in diesem Kapitel exemplarisch beschrieben wird.

1.2.1 Schlangengifte

Schlangengifte wirken unterschiedlich. Nerven- und Muskelgifte führen zu Lähmungen. Andere Gifte zerstören die Wände der Blutgefäße. Zusammen mit der Beeinträchtigung der Blutstillung (Gerinnungshemmung) führt dies zum Verbluten des gebissenen Opfers. Schließlich gibt es blutdrucksenkende Gifte, beispielsweise das der brasilianischen Lanzenotter (Abb. 35), die das verletzte Beutetier rasch in Ohnmacht fallen lassen.

https://www.wikiwand.com/de/ACE-Hemmer

Abbildung 35: Brasilianische Jararaca-Lanzenotter. (Der Hyperlink führt gleichzeitig zu einer ausführlichen Beschreibung von ACE-Hemmern als blutdrucksenkende Medikamente. Dort befinden sich auch die Bilder aus den Abbildung 36 und 37.)

Das Gift der Lanzenotter ist ein Pentapeptid mit der Aminosäure-Reihenfolge Glutaminsäure-Lysin-Tryptophan-Alanin-Prolin (Abb. 36, oben). Dabei ist der Molekülteil aus Tryptophan-Alanin-Prolin für die eigentliche Giftwirkung verantwortlich, weil er die Bindestelle einer Protease (Angiotensin Converting Enzyme, ACE, s. auch die Enzym-Visualisierung 7 im Kap. 4.3.3) blockiert, die maßgeblich den Blutdruck regelt. Fällt dieses Enzym aus, so sinkt der Blutdruck mit letztlich tödlicher Konsequenz für das von der Schlange gebissene Beutetier.

Die Abschwächung des Schlangengifts hat zu Blockbustern unter den Arzneimitteln geführt, die zur Behandlung von hohem Blutdruck eingesetzt werden – ein Meilenstein in der Geschichte der Medizin. Synthetisch hergestellt wurden einige Verbindungen, die mit der Tripeptid-Sequenz des Schlangengifts strukturverwandt sind. Als effektive Blutdrucksenker, die Patienten mit erhöhtem Blutdruck verabreicht werden, haben sich insbesondere Captopril (Abb. 36, Mitte) und Enalapril (Abb. 36, unten) bewährt.

In der Abbildung 37 ist gezeigt, wie Enalapril die aktive Stelle der Protease ACE blockiert.

1.2.2 Skorpiongifte

Skorpione, z.B. der Chinesische Goldene Skorpion (Abb. 38), injizieren durch einen Stich eine Giftmischung in ihr Beutetier. Der wirksamste Bestandteil ist ein Nervengift, und zwar ein Protein, das sich an Natrium-Ionenkanäle anlagert und sie dadurch permanent offenhält, so dass ein elektrischer Potentialaufbau, der für eine ordentliche Signaltransduktion nötig ist, unterbunden wird. Das Beutetier wird gelähmt.

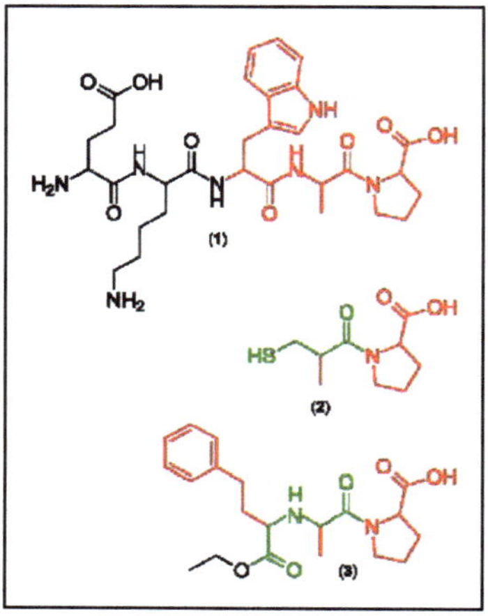

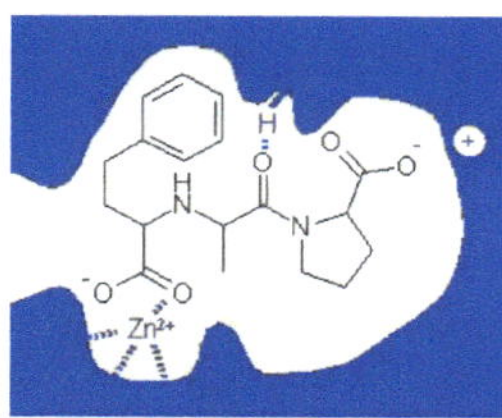

Abbildungen 36 und 37: Strukturelle Ähnlichkeit des als Blutdrucksenker tödlich wirkenden Pentapeptids der brasilianischen Lanzenotter (1) und der synthetisch hergestellten, abgeschwächten blutdrucksenkenden Medikamente Captopril (2) und Enalapril (3). Die für die Wirkung verantwortliche Tripeptidsequenz des Schlangengifts und die vergleichbaren Teilstrukturen von Captopril und Enalapril sind rot gezeichnet, die zur Erhöhung der Stabilität und Wirksamkeit eingefügten Bausteine grün. Das Schlangengift und die beiden Medikamente (gezeigt ist nur Enalapril) lagern sich über eine Komplexbindung an ein Zinkfinger-Motiv, eine Wasserstoffbrückenbindung und eine Ionenbindung in das aktive Zentrum des Angiotensin-konvertierenden Enzyms ein und blockieren es (kompetitive Hemmung).

https://en.wikipedia.org/wiki/Olivierus_martensii#/media/File:Mesobuthus_martensii_(283).jpg

Abbildung 38: Chinesischer Goldener Skorpion.

In der Traditionellen Chinesischen Medizin werden lebende Skorpione in Öl erhitzt, um ihre Gifte zu extrahieren. Die Extrakte, sogenannte „Skorpion-Öle“ dienen als Antidote gegen Insekten- (auch Skorpion-) und Schlangenbisse, lindern chronische Schmerzen und helfen bei Lähmungen, Schlaganfällen, Epilepsie, Gicht, Koliken, Beschwerden der Harnwege und Ohrenschmerz.

Die Wirkungsmechanismen der Behandlungsmethoden sind nicht bekannt, was natürlich eine Herausforderung für Wissenschaftler ist, sich die tradierten Therapien, die auf Erfahrungswissen beruhen, genauer anzuschauen. Dabei wurden im Giftcocktail des Chinesischen Goldenen Skorpions zwei Peptidwirkstoffe identifiziert, die Chlorid-Ionenkanäle behindern, denen man die Namen CA4 und CTX-23 gab und mit denen sich bislang nur schwer behandelbare Hirntumore erfolgreich therapieren lassen [21]. Ein schönes Beispiel, wie die naturwissenschaftliche Auseinandersetzung mit empirischen Heilmethoden die moderne Medizin bereichern kann.

1.2.3 (Selbst)Mord, Krieg, Terrorismus – Gifte gegen Menschen

Nachzulesen in Agatha Christies »Sparkling Cyanide«: Man gebe einer ungeliebten Person heimlich etwas Cyankali-Pulver in den Sekt, worauf die Person nach dem nächsten Schluck tot umfällt. Hier handelt es sich um Mord, der in der menschlichen Gesellschaft nicht selten, im Tierreich hingegen so gut wie nie vorkommt.

Chemisch ist die Wirkung des Mord- und Selbstmordgiftes einfach zu verstehen. Aus dem Kaliumcyanid wird mit Hilfe der Kohlensäure im Sekt oder der Salzsäure im Magen Blausäure freigesetzt

$$KCN + H_2CO_3 \rightarrow KHCO_3 + HCN$$

und sehr schnell resorbiert. Cyanid bildet gerne Komplexe mit Eisenionen – das kennen die Studierenden vom roten und gelben Blutlaugensalz, $K_3[Fe^{III}(CN)_6]$ bzw. $K_4[Fe^{II}(CN)_6]$ –, so auch mit dem zentralen Eisenkation der Cytochromoxidase, sodass dieses wichtige Enzym der Atmungskette blockiert wird.

Auf die Idee, Giftgase als Kampfstoffe im Krieg einzusetzen, kam der zwielichtige Fritz Haber, der für seine geniale Entwicklung der Ammoniak-Synthese verdientermaßen den Chemie-Nobelpreis erhalten, der aber sein großes chemisches Wissen auch für den erhofften Sieg seines geliebten Vaterlandes Deutschland im Ersten Weltkrieg genutzt und zunächst Chlorgas, Cl_2, und später Phosgen, $COCl_2$, als Kampfgase eingesetzt hat.

Chlor als starkes Oxidationsmittel und Phosgen, aus dem bei der Hydrolyse Salzsäure entwickelt wird, verätzen die Lunge, was meistens zur Bildung tödlicher Ödeme (Wasseransammlung in der Lunge, wodurch die Sauerstoffaufnahme verhindert wird) führt.

„Weiterentwickelte" chemische Kampfstoffe waren insbesondere Bis(2-chlorethyl)sulfid (Abb. 39), das wegen seines Geruchs Senfgas genannt wurde, und das Phosphorsäurederivat Tabun (Abb. 40, links) sowie das Phosphonsäurederivat Sarin (Abb. 40, rechts).

Bis(2-chlorethyl)sulfid wird durch Insertion von zwei Ethen-Molekülen in die beiden S-Cl-Bindungen des Schwefeldichlorids oder durch Addition von Schwefelwasserstoff an Vinylchlorid gewonnen:

$$SCl_2 + 2\ H_2C{=}CH_2 \rightarrow S(CH_2CH_2Cl)_2$$
$$H_2S + 2\ H_2C{=}CHCl \rightarrow S(CH_2CH_2Cl)_2$$

Das Molekül ist ein Alkylierungsreagenz. Es reagiert nach dem in der Abbildung 39 gezeigten Mechanismus mit aminischen Seitengruppen der DNA, was einer tödlichen Mutation entspricht. Eingesetzt wurde Senfgas 1917 bei einem Angriff der deutschen auf britische Truppen.

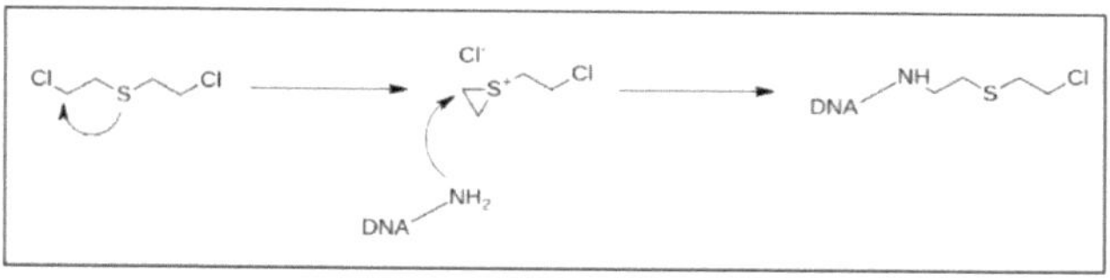

Abbildung 39: Wirkung des Giftgases Bis(2-chlorethyl)sulfid (Senfgas) als Alkylierungsreagenz.

Tabun ging aus der Insektizid-Forschung hervor. Es wirkt wie Parathion (E 605, Abb. 15) als Nervengift, indem es die Acetylcholinesterase hemmt. Im Zweiten Weltkrieg wurde es in deutsche Granaten gefüllt, aber nicht verschossen. Nach dem Krieg wurden die Granaten in der Ostsee und vor Helgoland versenkt, wo ihr giftiges Potenzial heute noch schlummert.

Sarin wurde auch schon im Zweiten Weltkrieg entwickelt, kam zu der Zeit aber noch nicht zum Einsatz. Es ist ebenfalls ein Acetylcholinesterase-Hemmer (vgl. Lernvideo 15 im Kap. 4.3.3), aber giftiger als Tabun, weil es flüchtiger ist und deshalb leichter eingeatmet werden kann.

Trotz internationalen Verbots chemischer Waffen wurden die beiden Gifte mehrfach eingesetzt, z.B. im Irakkrieg und im Syrischen Bürgerkrieg, vom argentinischen Diktator Pinochet gegen Oppositionelle oder von der Aum-Sekte in der U-Bahn von Tokio.

Menschheit – quo vadis?[1]

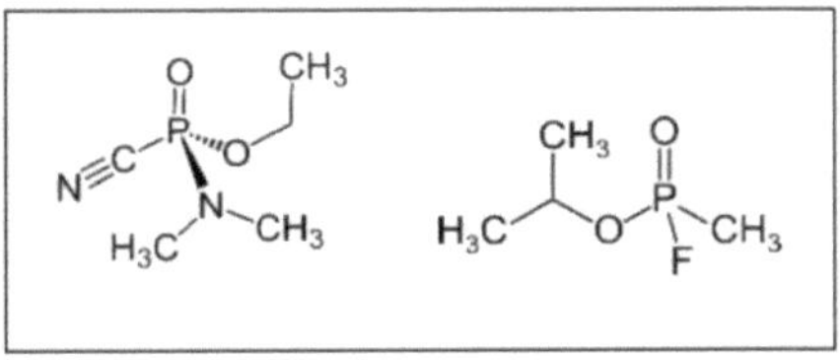

Abbildung 40: Die als Nervengifte wirkenden Kampfstoffe Tabun (links) und Sarin (rechts).

---

[1] Ist Stickstoff. N_2, ein Giftgas? Ja, denn Aerober können in einer reinen Stickstoffatmosphäre nicht überleben. Das nutzt man z.B. beim Verpacken von Lebensmitteln, indem man sie unter Stickstoff in eine Folie einschweißt, so dass aerobe Bakterien absterben und sie nicht zersetzen, und auf diese Weise die Haltbarkeit der Lebensmittel verlängert wird.

In diesem Zusammenhang schockiert eine Kurznachricht in der Frankfurter Allgemeinen Zeitung, dass in den USA der Einsatz von Stickstoff für Hinrichtungen geplant ist. Der/die zum Tode Verurteilte soll nach kurzer Zeit in Ohnmacht fallen und dann völlig schmerzlos nach wenigen Minuten wegen Sauerstoffmangels versterben [22]. Ob die humanen Henker vielleicht sogar daran denken, die Person gleichzeitig zu konservieren? Sie liegt ja unter Schutzgas! Geht es noch perverser?

2 Leben in Kooperation

Das klingt friedlicher als „Leben im Kampf" (Kap. 1). Ist es auch.

2.1 Der Mensch als Meta-Organismus

Was eine Symbiose ist, wird gerne am Beispiel vom Menschen und seinen Darmbakterien (Abb. 41) erklärt. Diese ermöglichen es erst, vor allem mit Hilfe ihrer Enzyme, dass die meisten aufgenommenen Lebensmittel so weit abgebaut werden, dass sie über die Darmwand resorbiert und dann in die biochemischen Stoffkreisläufe des Menschen eingeschleust werden können. Im Gegenzug bietet der Mensch den Bakterien einen angenehmen und sicheren Wohnort und versorgt sie mit Nahrung.

https://de.wikipedia.org/wiki/Escherichia_coli#/media/Datei:E._coli_Bacteria_(7316101966).jpg

Abbildung 41: Mikroskopische Aufnahme von Escherichia coli, den menschlichen Darmbakterien.

Merlin Sheldrake stellt in seinem Buch »Verwobenes Leben« [5], das wir in der Einleitung rezensiert haben, die interessante Frage, was ein „Individuum Mensch" eigentlich ist? Ein „steriler" Mensch ohne Mund, Magen- und Darmbakterien und weitere Bakterien und Pilze auf seiner Haut wäre nicht lebensfähig, und es gibt ihn deshalb in dieser Form gar nicht. Vielmehr tragen wir etwas mehr Mikroben (etwa 39 Billionen) mit uns herum als „eigene" Zellen (ca. 30 Billionen). Folglich ist jeder einzelne Mensch ein wandelnder Meta-Organismus. (Diesen Gedanken äußert auch Mechthild Kässer in einem lesenswerten Artikel im chemiedidaktischen Journal CLB [23].) Sheldrake möchte im Sinne des Titels seines Buches betonen, dass Leben in unserem planetarischen System in der Tat ausgesprochen verwoben ist und dass wir Menschen Teil eines gigantischen Netzwerkes sind, in dem alles mit allem (direkt oder indirekt) zusammenhängt.[2]

2.2 Flechten – die Pioniere des Lebens

Pilze sind neben den Tieren und Pflanzen die dritte Gruppe von eukaryotischen Lebewesen. (D.h., ihre Zellen haben anders als beispielsweise die von Bakterien einen echten Zellkern.) Sie können sich wie die Pflanzen nicht von ihrem Standort wegbewegen, betreiben aber keine Fotosynthese, sodass sie ihre Nährstoffe aus der Umgebung beziehen müssen; von daher sind Pilze den Tieren ähnlicher als den Pflanzen.

Wenn Pilze mit Algen oder Cyanobakterien eine Symbiose eingehen, entstehen Flechten (Abb. 42 und 43). Der Vorteil für die Pilze (Mykobionten) ist dabei offensichtlich, denn sie erhalten über die Fotosyntheseleistung der Algen bzw. Cyanobakterien (Fotobionten) den Grundnährstoff Zucker. Im Gegenzug liefern sie ihren fotoaktiven Partnern lebensnotwendige Mineralien, die sie mit ihren Flechtensäuren (Abb. 44) aus dem Gesteinsuntergrund lösen.

Flechtensäuren sind Derivate aromatischer Carbonsäure und/oder Phenole. Sie können z.B. unlösliche Phosphat-Mineralien in lösliches Hydrogenphosphat und Kationen, insbesondere des Kalziums, Magnesiums, Eisens und Zinks, in lösliche Carboxylat- bzw. Phenolat-Komplexe überführen. Die auf diese Weise solubilisierten Ionen stehen dann nicht nur den Flechten selbst, sondern auch anderen Lebewesen zur Verfügung.

Auf magmatischem Gestein, also erstarrter Lava, sind Flechten die ersten Lebewesen, die sich ansiedeln (Abb. 42), ebenso auf zermahlenem Gestein, das freigelegt wird, wenn

[2] Dieser Gedanke ist nicht neu. Schon die griechischen Naturphilosophen haben erkannt, dass das Leben aus den verschiedensten Wechselwirkungen – Kämpfe und Kooperationen – der „Elemente“ Wasser (H_2O), Luft (CO_2, O_2, N_2), Erde (Boden) und Feuer (Energie, vor allem Sonnenenergie) hervorgeht und ausgesprochen vielseitige Gestalt annehmen kann. Und die Stoiker waren von einer vernünftigen kosmischen Ordnung (Naturgesetze) überzeugt, in die sich die Menschen mit sprichwörtlicher „stoischer Ruhe“ einfügen und in Übereinstimmung mit der Natur leben müss(t)en.

Gletscher schmelzen. Sie werden deshalb zu Recht als die Pioniere des Lebens und die Wegbereiter der Bildung von fruchtbarem Humus bezeichnet.

Flechten sind weiterhin entscheidend daran beteiligt, dass gestorbene Lebewesen, z.B. Totholz (Abb. 43), partiell abgebaut bis hin zu mineralisiert, auf diese Weise „recycelt" und in die ewigen Stoffkreisläufe der Natur zurückgeführt werden.

https://c8.alamy.com/compde/exww9j/magmatischen-gesteine-mit-flechten-lanzarote-kanaren-spanien-europa-exww9j.jpg

https://img.fotocommunity.com/flechtengemeinschaft-auf-totholz-4e32348b-adc8-4174-8064-bfcd65b41f06.jpg?height=1080

Abbildungen 42 und 43: Flechten auf magmatischem Gestein bzw. Totholz.

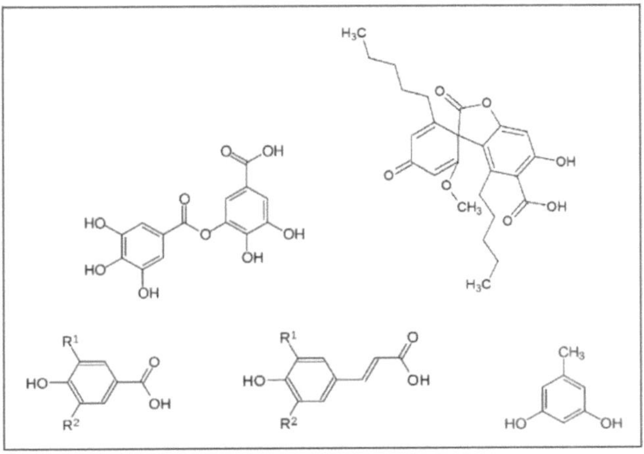

Abbildung 44: Einige Flechtensäuren. Digallussäure (oben links), Picrolicheninsäure (oben rechts), *p*-Hydroxybenzoesäure (unten links), *p*-Hydroxyzimtsäure (unten Mitte), Orcin (unten rechts).

Ein verstorbener Dinosaurier wurde einmal mit Hilfe von Flechten mineralisiert. Seine molekularen Bausteine wurden dann von anderen Lebewesen aufgenommen, schließlich auch von uns. Jeder Mensch trägt mit hoher Wahrscheinlichkeit einige Atome in sich, die vor Millionen Jahren einem Dinosaurier gehörten. In diesem Sinne ist jeder von uns ein kleiner T-Rex.

2.3 Wood Wide Web

Pilze gehen nicht nur mit Algen und Cyanobakterien Symbiosen ein, sondern in großem Umfang auch mit Pflanzen, indem sie mit deren Wurzelspitzen verwachsen (Abb. 45 und 46). Solche Pilze heißen Mykorrhizae (Plural von Mykorrhiza); ihr Netzwerk wird als Wood Wide Web (WWW) bezeichnet (Lernvideo 3), denn die Symbiose ist nicht auf *einen* Pilz mit *einer* Pflanze beschränkt, sondern es verknüpfen sich *viele* unterschiedliche Pilze mit *vielen* verschiedenen Pflanzen, immer wieder neu. (Zudem werden meistens noch Bakterien in die Kooperationen eingebunden.) Von dem oft kilometerweiten Netzwerk profitieren die Partner zunächst – wie bei den Flechten (Kap. 2.2) – vom gegenseitigen Zucker/Mineralien-Austausch. Darüber hinaus können große Bäume mit intensiver Fotosynthese die im Schatten lebenden kleinen Pflanzen über die Pilz-Leitungen mit Zucker versorgen; die großen Bäume „säugen" quasi ihre Nachkommen und andere kleinere Bodengewächse. Weiterhin gibt es einen jahreszeitlich bedingten Stofftransfer: Laubbäume, die im Sommer ihre maximale Fotosyntheseleistung erbringen, geben einen Teil ihres Zuckers an Nadelbäume ab, die zu der Jahreszeit in einem Mischwald eher im Schatten stehen; im Herbst hingegen, wenn die Laubbäume ihr Chlorophyll abbauen und schließlich ihre Blätter abwerfen, revanchieren sich die Nadelbäume und leiten Kohlenhydrate an die Laubbäume zurück. Auch abgestorbene Bäume partizipieren am WWW; das aus ihnen mineralisierte Phosphat wird teilweise über aktive Transportsysteme der Pilze in die lebenden Pflanzen transferiert. Schließlich werden über das Netzwerk Botenstoffe (Infochemikalien) von einer von Fressfeinden angegriffenen Pflanze an ihre Nachbarn als Warnsignale verschickt (vgl. Kap. 2.4) [24].

Merlin Sheldrake stellt die Frage, ob das Wood Wide Web quasi das Gehirn des Bodens ist? Können Pflanzen und Pilze denken und planen? Sind sie intelligent? Wenn man die Definition von Charles Darwin zugrunde legt, dass „Intelligenz darauf beruht, wie wirksam eine Spezies die Dinge tun kann, die sie braucht, um zu überleben", sind Pflanzen und Pilze höchst intelligente Wesen. Diese Überlegungen sind gleichzeitig Fragen nach dem menschlichen Selbstverständnis (vgl. [23]).

https://www.waldwissen.net/assets/_processed_/2/5/csm_wsl_mykorrhiza_lebensgemeinschaft_wurzel_e88b156b75.jpeg

https://www.biomyc.de/wp-content/uploads/2017/09/Pflanzenwurzel_Mykorrhiza_Granulat-1067x800.jpg

Abbildungen 45 und 46: Mykorrhizae – Pilze, die mit Pflanzen über deren Wurzelspitzen Symbiosen eingehen.

https://www.youtube.com/watch?v=xEAKAV02ByI

Lernvideo 3: Wood Wide Web – wie Bäume und Pilze kommunizieren. (Terra X, 4 Minuten)

Wie weit sich ein Pilz ausbreiten kann, zeigt die Entdeckung eines Hallimaschs im Malheur National Forest im amerikanischen Bundesstaat Oregon. Er erstreckt sich über neun Quadratkilometer. Sein Alter wird auf mindestens 2400 Jahre, sein Gewicht auf 400 Tonnen geschätzt. Damit gehört der Pilz zu den ältesten Lebewesen auf der Welt und ist bestimmt das größte. Allerdings sieht man von ihm recht wenig, nämlich lediglich seine Fruchtkörper (Abb. 47), denn der Rest liegt unterirdisch verborgen.

https://images.t-online.de/2021/09/86642460v3/0x100:1920x1080/fit-in/1800x0/honiggelber-hallimasch-am-waldboden-der-hallimasch-gilt-gekocht-als-geniessbar-in-den-usa-hat-man-den-groessten-pilz-dieser-art-entdeckt-symbolbild.jpg

Abbildung 47: Vom größten Lebewesen auf der Erde, einem Hallimasch, sieht man nur seine Fruchtkörper. Sein größter Teil bildet ein unterirdisches Reich.

Es gibt Pflanzen wie die blaublütige Voyria tenella (Abb. 48) und die schneeweiße Gespensterpfeife (Abb. 49), die *keine* Chloroplasten besitzen, also *keine* Fotosynthese betreiben können, dafür aber das WWW anzapfen, um Zucker und Mineralien von anderen Pflanzen und den Mykorrhizae zu erhalten. Merlin Sheldrake fragt, ob diese Pflanzen das Wood Wide Web „hacken" oder ob die Pilze sich altruistisch verhalten und diese speziellen Pflanzen ohne Gegenleistung versorgen? Das wäre natürlich eine sehr liebenswürdige Interpretation, denn Pilze können auch Parasiten bis hin zu Zombies sei, wie wir im Kapitel 3.2 noch sehen werden.

https://de.wikipedia.org/wiki/Voyria_tenella#/media/Datei:Voyria_tenella_1.jpg

https://de.wikipedia.org/wiki/Monotropa_uniflora#/media/Datei:Indian_pipe_PDB.JPG

Abbildungen 48 und 49: Die blaublütige Voyria tenella und die schneeweiße Gespensterpfeife Monotropa uniflora – zwei Pflanzen, die *keine* Fotosynthese betreiben und ihre Nährstoffe über das Mykorrhiza-Netzwerk erhalten.

Im Kapitel 2.2 wurde bereits auf die Eigenschaften von Flechten als Destruenten hingewiesen. Insgesamt spielen Pilze (oft in Kooperation mit Bakterien) eine zentrale Rolle bei der Zersetzung verstorbener Lebewesen, insbesondere von Holz.

Vor ca. 300 Millionen Jahren, im Zeitalter des Karbons, entstand aus verstorbenen Bäumen Kohle, womit das ursprünglich in der Luft enthaltene Kohlenstoffdioxid über die Zwischenstufe des Holzes im Boden fossil gespeichert wurde. Damals waren Pilze noch nicht dazu in der Lage, das Fasermaterial im Holz, die Cellulose, und das Bindemittel, das Lignin (Abb. 51), zu zersetzen, sodass eine Inkohlung erfolgen konnte. In Laufe der Evolution haben die Pilze, insbesondere Weißfäulepilze (Abb. 50), aber Cellulasen und eisenhaltige Peroxidasen entwickelt, mit denen es ihnen gelingt, das Polysaccharid zu hydrolysieren und das Lignin durch radikalische Oxidationen mit Sauerstoff in kleine Bruchstücke zu zerlegen.

https://de.wikipedia.org/wiki/Wei%C3%9Ff%C3%A4ule#/media/Datei:Tramete.jpg

Abbildung 50: Die Schmetterlingstramete, ein Weißfäulepilz, auf Totholz.

Lignin enthält überwiegend phenolische Bauelemente, die über Alkyl- und Ether-Gruppen hochgradig vernetzt sind. Bei der technischen Zellstoffherstellung werden Holzschnitzel u.a. mit alkalischen, sulfithaltigen Lösungen gekocht, um sulfonierte Bruchstücke des Lignins zu erhalten, die wasserlöslich sind und deshalb von den Cellulosefasern abgewaschen werden können. Die Abwässer müssen aufwändig mit Wasserstoffperoxid entgiftet und dann neutralisiert werden; insgesamt ist der großindustrielle Prozess sehr energieintensiv und umweltverschmutzend. Pilze hingegen oxidieren enzymatisch und ohne Umweltbelastungen die Alkyl- und Etherbrücken sowie die phenolischen Strukturelemente über die Zwischenstufen der Aldehyde zu Carbonsäuren. So entstehen Huminsäuren (Abb. 52), die ins Wood Wide Web integriert werden und wegen ihrer Fähigkeit, Wasser und Metallionen zu binden, für die Bodenfruchtbarkeit und damit das Heranwachsen neuen Lebens sehr wichtig sind. Teilweise werden Lignin und Cellulose bis zum Kohlenstoffdioxid oxidiert, welches in die Luft entweicht, von wo aus es bei einer neuen Fotosynthese wieder in einen Lebensprozess eingebunden werden kann.

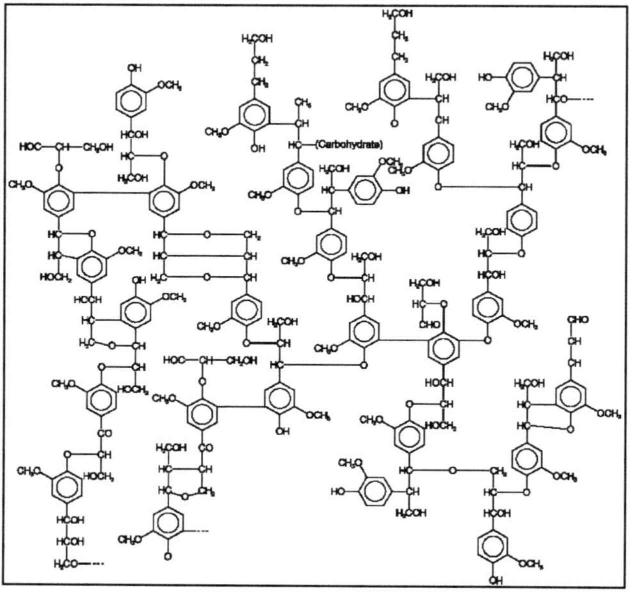

Abbildung 51: Ausschnitt aus dem Lignin, dem hochvernetzten Bindemittel im Holz, das dessen Druckfestigkeit bewirkt.

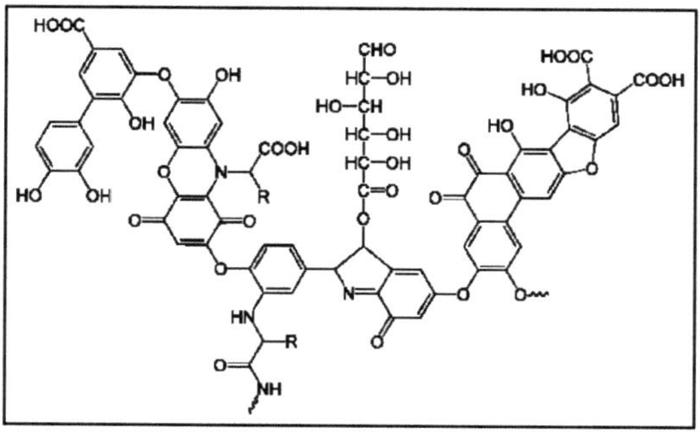

Abbildung 52: Ausschnitt aus einer Huminsäure, einem wichtigen Bestandteil von fruchtbarem Humusboden. Huminsäuren sind von Pilzen erzeugte Abbauprodukte u.a. von Totholz.

Da Pilze das an sich schwerabbaubare Lignin trotzdem enzymatisch und oxidativ spalten und auf diese Weise tote Bäume zu Humus recyceln können und damit eine unbezahlbare Biosystemdienstleistung erbringen, ist Merlin Sheldrake optimistisch, dass sie auch toxische Hinterlassenschaften der Menschheit entsorgen (Mykoremediation = Sanierung vergifteter Ökosysteme durch Pilze) und deren harmlose Zersetzungsprodukte ins WWW zurückführen können (Lernvideo 4). Er nennt dazu mehrere sehr ermutigende Beispiele:

- Austernpilze können die Kohlenwasserstoffe im Erdöl, Dieselöl oder Benzin als Nahrungsquelle verwenden und Zucker daraus produzieren, was in Anbetracht der vielen kontaminierten Erdölfelder und anderer belasteter Böden zu deren Sanierung genutzt werden kann.
- Weißfäulepilze können mit Hilfe ihrer Manganperoxidase den Sprengstoff Trinitrotoluol (TNT) sowie Umweltgifte wie Chlorphenole und polyzyklische aromatische Kohlenwasserstoffe (PAK) abbauen und deshalb bei dieser Art von Altlastensanierung im Boden hilfreich sein.
- Der Pilz Pestalotiopsis microspora (Abb. 53) kann dazu beitragen, den zunehmenden Berg an Plastikmüll zu reduzieren. Denn er ist dazu in der Lage, die funktionelle Gruppe von Polyurethanen, $R^1NHCO_2R^2$, mit Hilfe einer Serinprotease hydrolytisch zu spalten.
- Pilze der Gattungen Penicillium, Aspergillus und Rhizopus können Schwermetalle aus dem Wasser absorbieren, was für die Abwasser- und Grundwasserreinigung von Nutzen ist.
- Es war der schwarze Hefepilz Exophiala dermatitidis (Abb. 54), der sich nach dem GAU im Atomkraftwerk Tschernobyl im verstrahlten Gelände ansiedelte und prächtig wuchs. Er wandelt nämlich radioaktive Strahlung in chemische Lebensenergie um; deshalb spricht man hier in Analogie zur Fotosynthese von Radiosynthese. Die Strahlungsabsorption erfolgt über den hohen Anteil des Farbpigments Melanin, das dem Pilz auch seine schwarze Farbe gibt. Löst dieser Pilz das Problem mit radioaktiven Altlasten?

Im Internet kann man heute zahllose Produkte und Dienstleitungen bestellen. Gilt auch für das Wood Wide Web, dass man hier Dienstleistungen von Pilzen im Umweltschutz kostengünstig einkaufen kann?

https://de.wikipedia.org/wiki/Pestalotiopsis_microspora#/media/Datei:Pestalotiopsis_microspora_(Speg.)_G.C._Zhao_&_N._Li_(517923).jpg

https://multimedia.elsevier.es/PublicationsMultimediaV1/item/multimedia/thumbnail/S1130140620300516:gr1.jpeg?xkr=ue/ImdikoIMrsJoerZ+w96p5LBcBpyJTqfwgorxm+Ow=

https://www.labiotech.eu/wp-content/uploads/2015/02/Pichia_pastoris_igem.jpg

Abbildungen 53-55: Vielseitig talentierte Pilze. Der Pilz Pestalotiopsis microspora kann auf Polyurethan-Kunststoff wachsen und das Polymer hydrolytisch abbauen. Der schwarze Hefepilz Exophiala dermatitidis ist radiotroph, d.h. er bezieht seine Stoffwechselenergie aus ionisierender Strahlung. Und der Hefepilz Pichia pastoris produziert eine Vorstufe von Insulin.

Andere, schon lange etablierte Dienstleistungen von Pilzen für Menschen sind die ethanolische Gärung von Zucker durch (Bäcker)Hefe und die Bereitstellung des Antibiotikums Penicillin durch einen Schimmelpilz (Kap. 1.1.1.2). Und es zeichnen sich innovative Neuentwicklungen ab. Drei Beispiele.

- Die momentane Gewinnung von Insulin gegen Diabetes mit Hilfe gentechnisch veränderter E.coli-Bakterien kann vermutlich vereinfacht werden; denn der Hefepilz Pichia pastoris (Abb. 55) bildet ein Vorprodukt von Insulin, das mit geringerem Aufwand aus der Kulturbrühe isoliert und dann chemisch zum Endprodukt modifiziert werden kann.
- Wenn man ein Nährmedium aus Bioabfall, beispielsweise einer Mischung aus Stroh, Holzspänen, Kaffeesatz etc., mit Pilzsporen versetzt und kultiviert, haben die sich bildenden Pilzfäden nach 2-3 Wochen das gesamte Substrat durchflochten. Die feste Struktur wird dann zerkleinert, das zerbröselte Material in eine Form gepresst und im Wärmeschrank getrocknet. So können z.B. Schall- oder Wärmedämmplatten (Abb. 56) hergestellt werden und das klassische, biologisch allerdings nicht abbaubare Erdölfolgeprodukt Polystyrol ersetzen (Mykofabrikation).
- Für modebewusste Veganer gibt es mittlerweile Pilz-Lederartikel. Deren Herstellung funktioniert folgendermaßen

(Lernvideo 5): Den Pilzsporen wird ein Block von Sägespänen angeboten, auf dem sie kultiviert werden. Die Pilze benutzen das Holz als Nährstoffquelle und bilden außen am Späneblock eine dicht verwobene Myzelhaut, die man nach wenigen Tagen abziehen und gerben kann. Fertig ist das „Leder" und wird zu Schuhen, Taschen, Gürteln usw. verarbeitet.

Sollten wir die Zukunft also von den Pilzen her denken? „Wie Pilze unsere Welt formen und unsere Zukunft beeinflussen" – so lautet der Untertitel zu Sheldrakes Buch. Sehr passend.

(Vgl. einen lesenswerten Artikel von Wolfgang Hasenpusch über präventive Gesunderhaltung durch Pilze [25].)

https://www.wissenschaft.de/wp-content/uploads/1/7/1709-pilze.jpg

Abbildung 56: Dämmplatte aus Pilzfäden.

https://www.dw.com/de/magische-pilze-wie-sie-den-planeten-reinigen/av-59945016

Lernvideo 4: Magische Pilze – wie sie den Planeten reinigen. (Projekt Zukunft, 13 Minuten)

https://www.youtube.com/watch?v=IJhyE7oC3kk

Lernvideo 5: Vegane Mode aus Pilzleder. (Deutsche Welle, 5 Minuten)

Am Ende dieses Kapitels möchten wir anmerken, dass das Wood Wide Web beim Anbau von Kulturpflanzen in der industriellen Landwirtschaft durch den Einsatz von Pflanzenschutzmitteln (Kap. 1.1.2), insbesondere von Fungiziden, und Düngern sowie durch das Umpflügen des Bodens negativ beeinflusst wird, weil nämlich die Zahl der Mykorrhiza-Pilze deutlich zurückgeht. (In der nachhaltigeren biologischen Landwirtschaft ist das hingegen kaum der Fall.) Merlin Sheldrake fragt, ob wir Menschen unsere Nutzpflanzen nicht zu sehr verwöhnt hätten? Wenn wir sie mit in Fabriken hergestelltem Nitrat, Ammonium, Harnstoff,

Phosphat und Mineralien ernähren und mit Insektiziden, Herbiziden und Fungiziden vor Fressfeinden, Konkurrenten und Krankheiten schützen – übernehmen wir damit nicht die Aufgaben der Mykorrhiza-Pilze, nehmen wir den Pflanzen nicht ihr natürliches kooperatives, symbiotisches Verhalten und machen sie unselbstständig und von uns abhängig? Mit Krisensituation wie Dürren oder Überschwemmungen, wie sie in letzter Zeit aufgrund des Klimawandels immer häufiger auftreten, kommt ein an Bodenlebewesen verarmter Boden schließlich nicht mehr zurecht. Bodenerosion und Ernteeinbußen sind die gravierenden Folgen.

2.4 Kommunikation über Botenstoffe

Nicht-flüchtige Botenstoffe können zwischen Pflanzen und Pilzen über das Wood Wide Web ausgetauscht werden. In diesem Kapitel möchten wir uns auf vier Beispiele konzentrieren, wie Lebewesen mit *flüchtigen* Verbindungen über die Luft kommunizieren, um einander anzulocken oder zu warnen.

2.4.1 Lockrufe

Einige Bäume (Buchen, Kiefern, Ulmen) erkennen am Speichel selektiv, von welcher Schmetterlingsraupe sie gerade angeknabbert werden. Sofort setzen sie einen Duftstoff frei, der den Feind ihres Fressfeindes anlockt. Das ist z.B. eine Schlupfwespe. Diese legt ihre Eier in die Raupe (Abb. 57). Die Eier werden dort ausgebrütet, was für die Raupe tödlich endet.

Pflanzenschutz nach dem Motto: „Der Feind meines Feindes ist mein Freund." Übrigens werden nach diesem Prinzip oft auch Allianzen bei menschlichen Konflikten und Kriegen geschmiedet.

https://www.scinexx.de/dossierartikel/viren-als-komplizen/

Abbildung 57: Kampf und Kooperation gleichzeitig – eine Schlupfwespe, angelockt von einem Duftstoff der Pflanze, legt ihre Eier in eine die Pflanze angreifende Raupe und tötet sie dadurch letztendlich.

Diese Verteidigungsstrategie hat Wissenschaftler auf die Idee gebracht, Lockstoffe zum Pflanzenschutz (vgl. Kap. 1.1.2) einzusetzen: Man verspricht den Schädlingen Sex und lockt sie damit von den Pflanzen weg in eine Falle, aus der sie nicht mehr herauskommen. Die Gier nach Sex kann eben manchmal ins Verderben führen.

Trans-11-Tetradecen-1-al beispielsweise ist der Sexuallockstoff des Fichtenknospenwurms (Abb. 58). In einer Falle (Abb. 59) deponiert, lenkt er das Insekt von seinem Appetit auf die Fichte ab. Die Methode ist umweltfreundlich, weil der für die Holzwirtschaft so wichtige und deshalb schützenswerte Baum und sein Nährboden gar nicht mit einer Chemikalie in Kontakt kommen.

https://en.wikipedia.org/wiki/File:Choristoneura_fumiferana.jpg

https://de.wikipedia.org/wiki/Lockstofffalle#/media/Datei:Lockstofffalle.jpg

Abbildungen 58 und 59: Ein Fichtenknospenwurm und eine Pheromon-Lockfalle.

Die chemische Synthese des Pheromons (Abb. 60) eignet sich besonders gut dazu, Studierende exemplarisch in die Syntheseplanung (Retrosynthese) einzuführen [26].

$$\mathrm{HO(CH_2)_{10}Br} \xrightarrow{\mathrm{(CH_3)_2C{=}CH_2,\ H^+}} \mathrm{(CH_3)_3C{-}O(CH_2)_{10}Br} \xrightarrow[\mathrm{-\ LiBr}]{\mathrm{C_2H_5{-}C{\equiv}C^-\ Li^+}} \mathrm{(CH_3)_3C{-}O(CH_2)_{10}{-}C{\equiv}C{-}C_2H_5}$$

$$\xrightarrow[\mathrm{-\ (CH_3)_2C{=}CH_2}]{\mathrm{H_2O,\ H^+}} \mathrm{HO(CH_2)_{10}{-}C{\equiv}C{-}C_2H_5} \xrightarrow{\mathrm{2\ Na,\ NH_3\ (l)}} \mathrm{HO(CH_2)_{10}(H)C{=}C(H)C_2H_5} \xrightarrow{\mathrm{CrO_3}} \mathrm{H{-}C({=}O){-}(CH_2)_9(H)C{=}C(H)C_2H_5}$$

Abbildung 60: Synthese des Sexuallockstoffs *trans*-11-Tetradecen-1-al [26].

Ausgehend von 10-Brom-1-decanol soll das Pheromon hergestellt werden. Wenn man Ausgangs- und Endverbindung vergleicht, fällt auf, dass der Bromrest durch einen trans-Alkenylrest substituiert und die Alkohol- zu einer Aldehydfunktion oxidiert wurde. Wie baut man einen *trans*-Butenylrest in die Ausgangsverbindung ein? Durch eine S_N2-Reaktion zwischen der bromorganischen Verbindung und 1-Butinyllithium. (Diese metall-organische Verbindung ist aus dem C-H-aziden 1-Butin und der starken Base Butyllithium unter Freisetzung von Butan zugänglich.) Das resultierende Alkin (11-Tetradecin-1-ol) kann anschließend mit Natrium in flüssigem Ammoniak selektiv zum gewünschten *trans*-Alken (*trans*-11-Tetradecen-1-ol) reduziert werden. (Zum Vergleich werden die Studierenden daran erinnert, wie ein Alkin selektiv zum *cis*-Alken hydriert werden kann: mit Hilfe des Lindlar-Katalysators.) Eine abschließende Reaktion mit Chrom-(VI)-oxid wandelt den Alkohol in den Aldehyd (*trans*-11-Tetra-decen-1-al) um. Der gesamte Syntheseweg ist allerdings nur dann von Erfolg gekrönt, wenn die Alkoholfunktion der Ausgangsverbindung zuerst durch Veretherung (sauer katalysierte Addition an *iso*-Buten) geschützt wird. Das verwendete Butyllithium würde sonst zur Deprotonierung des Alkohols verbraucht werden. (Aus der Grundvorlesung wissen die Studierenden, dass metall-organische und S_N2-Reaktionen nur in einem aprotischen Medium möglich sind.) Nach der Einführung der Dreifachbindung muss die Schutzgruppe wieder entfernt werden (Eliminierungsreaktion).

2.4.2 Warnsignale

In den Savannen Afrikas wird die Beobachtung gemacht, dass Schirmakazien sich bei Gefahr selbst wehren und gegenseitig warnen und dadurch vor weiterer Gefahr schützen [24]. Wenn ein solcher Baum von einer Giraffe angefressen wird (Abb. 61), merkt er das schmerzhaft und lagert deshalb innerhalb weniger Minuten in seine Blätter zur Abwehr Salicin (Abb. 62) ein. Dessen bitterer Geschmack verdirbt dem Tier den Appetit, sodass es von dem Baum ablässt.[3]

https://image.shutterstock.com/image-photo/giraffe-eatting-acacia-tree-leafs-260nw-1672550830.jpg

Abbildung 61: Eine Giraffe frisst von einer Schirmakazie.

[3] Nach hydrolytischer Abspaltung des Zuckerrestes und benzylischer Seitenkettenoxidation entsteht aus Salicin die Salicylsäure, die das Basismolekül des bekannten Schmerzmittels Aspirin® (Acetylsalicylsäure) ist.

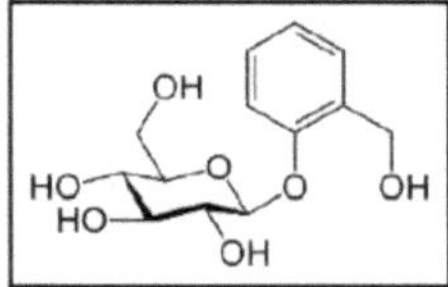

Abbildung 62: Salicin – ein bitterer Stoff, mit dem Schirmakazien ihren Feinden das Fressen vergraulen.

Erstaunlich ist nun das weitere Phänomen: Der von einer Giraffe angeknabberte Baum verströmt gleichzeitig mit der Salicin-Freisetzung Ethen, $H_2C{=}CH_2$. Dieses wirkt bei benachbarten Akazien als Warngas und veranlasst alle umstehenden Bäume dazu, schon vorsorglich Salicin in ihre Blätter auszuschütten. Ethen hat – vom Wind getrieben – jedoch nur eine Reichweite von etwa hundert Metern; deshalb lässt die Giraffe die Bäume innerhalb dieser Distanz in Ruhe und beginnen erst nach ca. 100 Metern erneut mit der Mahlzeit bei „noch ahnungslosen“ Bäumen.

Aber offensichtlich ist den Tieren dieser Schutzmechanismus der Pflanzen bekannt, denn häufig bewegen sie sich *gegen* die Windrichtung zum nächsten Baum, wohin der Warnstoff nicht transportiert werden kann.

Ethen wird als Phytohormon bezeichnet und in der Pflanze aus der Aminosäure Methionin erzeugt (Abb. 63). Die Besprechung dieser Biosynthese bereichert die Biochemie- und Naturstoffchemie-Vorlesung. Sie verläuft in fünf Schritten [27]:

1. Durch Kopplung von Methionin an Adenosiontriphosphat entsteht zunächst S-Adenosylmethionin (SAM). Dies geschieht an dem Enzym S-Adenosylmethionin-Synthetase. Es handelt sich um eine S_N2-ähnliche Reaktion, bei der das nukleophile Schwefelatom der Aminosäure (weiche Base) den Kohlenstoff C5 des ATPs angreift und Triphosphat als Abgangsgruppe fungiert.
2. Durch das Enzym 1-Aminocyclpropancarbonsäure-Synthase (ACC-Synthase) wird 1-Aminocyclopropansäure (ACC) im Sinne einer Eliminierungsreaktion gebildet.
3. Durch die ACC-Oxidase wird die Freisetzung vom Endprodukt Ethen erreicht. Die Zellen, die zuerst Ethen bilden, stimulieren die benachbarten Zellen dazu, dies ebenfalls zu tun.

4. Alternativ kann die 1-Aminocyclopropancarbonsäure (ACC) mit Hilfe einer Transferase in N-Malonyl-ACC überführt werden.
5. Abschließend wird S-Methyl-Thioadenosin (MTA), das bei der Spaltung von SAM entsteht, mit einer Nucleosidase zu S-Methyl-Thioribose (MTR) umgesetzt und diese zu Methionin recycelt.

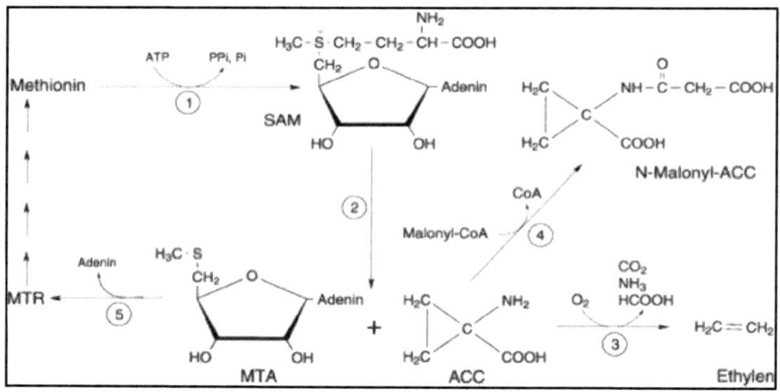

Abbildung 63: Biosynthese von Ethen aus der Aminosäure Methionin [25]. Erklärungen im Text.

2.4.3 Trickreiche Vermehrung

Anders als bei vielen Pilzen wächst der Fruchtkörper des köstlichen Trüffel-Pilzes, dem „Diamanten der Nahrung“ [28], nicht aus dem Boden heraus. Um seine Sporen trotzdem zu verteilen und sich fortzupflanzen, wendet er einen Trick an. Und zwar setzt er den Duftstoff Dimethylsulfid (Abb. 64) frei und lockt damit insbesondere Wildschweine (oder dressierte Trüffelsuchhunde, Lernvideo 6) an, die den Pilz ausgraben und sehr gerne fressen. Im Verdauungstrakt der Tiere überleben die meisten Trüffel-Sporen und werden mit dem Kot ausgeschieden. So werden sie oft kilometerweit verteilt und können im Boden keimen.

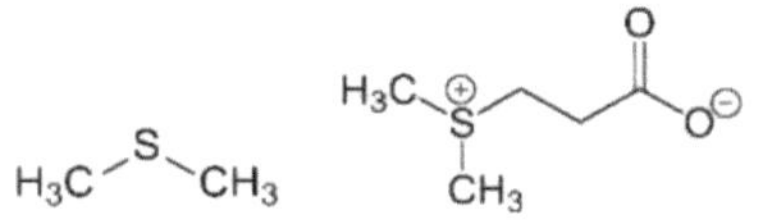

Abbildung 64: Der Lockstoff des Trüffels, Dimethylsulfid (links), ist ein Zersetzungsprodukt der am Schwefel methylierten Aminosäure Methionin (Dimethylsulfoniopropionat, rechts).

https://www.youtube.com/watch?v=CIK0lABoH2k

Lernvideo 6: Trüffel – der teuerste Pilz der Welt. (Welt der Wunder, 10 Minuten)

3 Parasiten und Zombies

Haben wir die Pilze im Kapitel 2 als Erschaffer des Bodens, als freundliche Symbionten im Wood Wide Web und als unschätzbar wertvolle Biosystemdienstleister für uns Menschen kennengelernt, so möchten wir sie in diesem Kapitel als Parasiten bis hin zu brutalen Zombies präsentieren. Ist nicht auch der Mensch vergleichbar ambivalent – einerseits kreativ, erfindungsreich, freundlich, liebenswert und hilfsbereit, andererseits egoistisch, ausbeuterisch und manchmal – nach Friedrich Schiller – „der schrecklichste der Schrecken [] in seinem Wahn"?

Der Fußpilz ist ein Parasit, der uns besiedelt, von uns lebt, für uns lästig ist, uns aber nicht umbringt und der mit einem Antimykotikum recht leicht und effektiv behandelt werden kann.

Anders ist es beim Mutterkornpilz, der Getreide, vor allem Roggen, befällt (Abb. 65) und dessen Verzehr tödlich enden kann.

Und der Pilz Ophiocordyceps unilateralis verhält sich gegenüber seinem Wirt, der Rossameise, geradezu als Zombie. Er infiziert das Insekt nämlich mit dem Tryptamin-Derivat Psilocybin (Abb. 67, links), dem phosphorylierten Vorgänger der psychedelischen Droge Psilocin (Abb. 67), und manipuliert damit das Gehirn und Bewusstsein der Ameise, sodass sie – völlig entgegen ihrem normalen Verhalten – an einer Pflanze bis in die für sie abenteuerliche Höhe von ca. 25 cm klettert und sich dort an der Unterseite eines Blattes festbeißt. Nach diesem „Todesbiss" wächst der Fruchtkörper des Pilzes aus dem Körper der Ameise heraus (Abb. 66), um seine Sporen für die Fortpflanzung aus luftiger Höhe optimal verteilen zu können. Wahrhaft gruselig! Der Pilz ist hier ein Sklavenhalter, der sich die Ameise willfährig macht, auf brutalste Weise ausnutzt und ihren Tod billigend in Kauf nimmt.

Vergleichbares Sklavenhaltertum hat es in der menschlichen Gesellschaft immer gegeben und gibt es noch heute, vor allem in den Bereichen Kinderarbeit, Prostitution und Drogenkriminalität.

Unter den psychedelischen Wirkstoffen ist das von der Stammverbindung der Mutterkornalkaloide, dem Ergolin (Abb. 67, rechts), abgeleitete, synthetisch zugängliche Lysergsäurediethylamid (LSD) wohl der prominenteste. In der Hippie-Zeit der 1960er Jahre als bewusstseinserweiternde Droge (mit der Nebenwirkung gelegentlicher „Horrortrips“) bekannt geworden, wird LSD (wie Psilocybin) heute als unterstützendes Mittel in der Psychotherapie diskutiert.

https://upload.wikimedia.org/wikipedia/commons/thumb/5/5d/Mutterkorn_090719.jpg/800px-Mutterkorn_090719.jpg

Abbildung 65: Roggenähre mit „Mutterkorn“, einer verhärteten Form des Mutterkornpilzes.

https://img.welt.de/img/kultur/literarischewelt/mobile218434666/0652509637-ci102l-w1024/Eine-Rossameise-die-mit-dem-Zombiepilz.jpg

Abbildung 66: Eine Rossameise, die dem Zombiepilz Ophiocordyceps unilateralis zum Opfer gefallen ist.

Abbildung 67: Psychedelische Wirkstoffe. Von links nach rechts: Psilocybin, Psilocin, Lysergsäurediethylamid (LSD) und Ergolin (Stammverbindung der Mutterkornalkaloide).

Rossameisen unter dem Einfluss von Psilocybin; Menschen unter dem von LSD – wir erkennen, dass sich Leben nicht nur zwischen Kampf und Kooperation abspielt, sondern manchmal unter dem Einfluss vom psychedelischen Substanzen, die Lebewesen manipulieren – jenseits normaler Instinkte und Verhaltensweisen und außerhalb des Bewusstseins.

Ergänzend mag an dieser Stelle erwähnt sein, dass sich Menschen auch unter dem Einfluss von Ethanol, produziert von Hefepilzen (alkoholische Gärung), nicht ganz „normal“ verhalten.

4 Wer reagiert mit wenn, warum und wie?

Im Vorwort dieses Buches habe ich mit Faust in leicht modifizierter Weise gefragt, „Ob mir durch der *Moleküle* Kraft und Mund nicht manch‘ Geheimnis würde kund?“ – ob also das tiefe Verständnis chemischer Reaktion ein Weg sei, die Welt und vor allem das Leben zu verstehen. Im Kapitel 4.1 möchten wir zunächst die Sprache der Chemiker betrachten. Da lieben sich Stoffe oder haben Phobien, da wird angegriffen, verdrängt und eliminiert oder durch Addition kooperiert … Analogien zum Verhalten der Menschen hat Johann Wolfgang von Goethe in seinem Roman »Die Wahlverwandtschaften« thematisiert, den wir im Kapitel 4.2 besprechen. Schließlich betrachten wir im Kapitel 4.3 genauer, wie chemische Reaktionen in Gegenwart von Enzymen ablaufen – eine ganz besonders effektive Form der Kooperation.

4.1 Die Sprache der Chemiker

Werfen wir einen Blick auf einige (kursiv markierte) Fachausdrücke, mit denen Chemiker die Vorgänge im Reagenzglas oder Reaktor beschreiben. Wir interpretieren sie hier anthropomorphistisch, d.h. so, als ob menschliche Gefühle im Spiel wären.

- Öl ist *hydrophob*. Es hasst das Wasser und stößt es ab. Analog verhält sich das Wasser, denn es ist *lipophob*, hat also panische Angst vor dem Öl – eine Phobie. Ethanol ist hingegen *hydrophil*; es liebt das Wasser und löst sich in ihm. Benzin wiederum ist *lipophil*, es liebt das Öl und geht mit ihm eine Lösung ein.[4]
- Ein Fluoratom hat eine hohe *Affinität* zum Elektron. D.h., es ist turbogeil auf das negativ geladene Elementarteilchen, weil es mit ihm zusammen als Fluorid-Anion acht Außen-

---

[4] Auch in der Biologie wird der Begriff „-philie“ verwendet: Im Kapitel 2.2 haben wir die *extremophilen* Flechten kennengelernt. Diese symbiontischen Lebewesen erschließen unwirkliche, *extreme* Lebensräume wie erstarrte Lava, Granit, von Gletschereis befreites Gestein, Trockentäler der Antarktis, Wüstensand, hydrothermale Tiefseeschlote oder Zonengrenzen zwischen Meeresoberfläche und Felsküste.

elektronen besitzt und im elektronischen Glückseligkeitszustand des Edelgases Neon ist. Man kann auch sagen, dass das Fluor unter allen Atomen der brutalste Elektronenräuber ist: Überall, wo es ein Elektron herbekommen kann, klaut es sich dieses.

- Die H-O-Bindung im Wasser ist *polarisiert.* Auf der Sauerstoffseite des gewinkelten Moleküls H_2O befindet sich der *Minuspol*, auf der Wasserstoffseite der *Pluspol.* Was passiert, wenn zwei Wassermoleküle sich begegnen? Nun, *gleiche Pole stoßen sich ab*, *unterschiedliche Pole ziehen sich an.* Folglich entsteht eine Wasserstoffbrückenbindung zwischen den beiden Wassermolekülen: $H_2O\cdots H\text{-}OH$,
- Bei einer Aldolkondensation wird Wasser aus einem β-Hydroxyketon *eliminiert*, denn es ist ein unliebsamer Störenfried, der rausgeschmissen werden muss, damit eine α,β-ungesättigte Carbonylverbindung mit einem energetisch günstigen konjugierten π-Elektronensystem entstehen kann.
- Brom, Br_2, Wasserstoff, H_2, oder Chlorwasserstoff, HCl, *addieren* sich gerne an ein Alken. In einer gemeinsamen neuen Verbindung fühlen sie sich einfach wohler. Gelungene Kooperationen.
- Bei einer *Substitution* wird ein Molekülteil in einer Verbindung gegen einen anderen ausgetauscht. Das entspricht auch einem Rausschmiss – oder sagen wir etwas vorsichtiger: einem Partnertausch –, der unterschiedlich betrieben werden kann.

  Bei der Nitrierung von Benzol beispielsweise ist das Nitronium-Kation, NO_2^+, das *Elektrophil*, das in die π-Elektronenwolke des Aromaten verknallt ist und deshalb einen dort gebundenen Wasserstoff als H^+ rauskickt.

  Bei der S_N2-Reaktion von Chlormethan, CH_3Cl, mit Hydroxid ist das Anion das *Nukleophil*, das sich an den heiß begehrten positiv polarisierten Kohlenstoff des Chlormethans rückseitig zum Chlor heranschleicht und dem Konkurrenten den Todesstoß gibt. Ein *Rückseitenangriff* – besonders brutal und feige. S_N2 bedeutet nukleophile Substitution zweiter Ordnung. Man kann die Reaktion auch so interpretieren, dass die Methylgruppe zwar in einer Beziehung mit einem Chloratom lebt, aber nicht recht glücklich ist. Sobald sie einen potentiell besseren Partner sieht, lässt sie diesen ran und gibt dem alten gleichzeitig den Laufpass.

Bei der Reaktion von *tert.*-Butylchlorid, $(CH_3)_3CCl$, mit Hydroxid, wird zwar auch Cl^- gegen OH^- substituiert, aber auf eine andere Art und Weise, und zwar nach einem S_N1-Mechanismus (nukleophile Substitution erster Ordnung). Die tertiäre Butylgruppe macht zunächst mit ihrem alten Partner, mit dem sie unzufrieden ist, Schluss, trennt sich von ihm und lebt eine Weile als Single, $(CH_3)_3C^+$, weiter, meldet sich dann aber bei Paarship oder einer anderen Partnervermittlungsbörse als *Elektrophil* an und verliebt sich schließlich in das attraktive *Nukleophil* OH^-. Und wenn die beiden als *tert.*-Butanol nicht gestorben sind …

Fazit: Chemische Stoffe *kämpfen* gegeneinander oder *kooperieren*, mehr oder weniger intensiv und auf durchaus unterschiedliche Weise.

Mehr zu dieser anthropomorphistischen Deutung im folgenden Kapitel 4.2.

4.2 Chemie und Liebe – ein Gleichnis

1775 prägte der schwedische Chemiker Tobern Bergman den Begriff „Wahlverwandtschaften". Er hatte die Reaktion von Calciumcarbonat mit Schwefelsäure untersucht und gefragt, warum chemische Stoffe überhaupt miteinander reagieren, was die Triebkraft einer Reaktion sei, und ob die Stoffe ihre neuen Partner gezielt auswählen würden. Johann Wolfgang von Goethe, der naturwissenschaftlich sehr interessiert und belesen war, kannte die Arbeit von Bergman offensichtlich und wurde von ihr dazu inspiriert, eine Geschichte um einen menschlichen doppelten Partnertausch zu schreiben. 1809 erschien sein Roman »Die Wahlverwandtschaften«, den Jens Soentgen chemiedidaktisch als „Chemie und Liebe – ein Gleichnis" interpretiert hat [29].

Bei der Zugabe von wässriger Schwefelsäure zu Calciumcarbonat (Kalkstein) reagiert die in Wasser schwerlösliche Ionenverbindung mit der in Protonen und Sulfation dissoziierten Säure unter Bildung der neuen schwerlöslichen Ionenverbindung Calciumsulfat (Gips) und Kohlensäure, die aber, da sie nicht stabil ist, in einer Folgereaktion zu Wasser und Kohlenstoffdioxid zerfällt. Im Experiment erkennt man deutlich das austretende Gas.

$$CaCO_3\ (s) + 2\ H^+\ (aq) + SO_4^{2-}\ (aq) \rightarrow CaSO_4\ (s) + „H_2CO_3“$$

$$\downarrow$$

$$H_2O + CO_2\ (g)$$

Die Reaktion ist exergonisch, d.h. sie läuft freiwillig ab, und wegen der Gasbildung entropiegetrieben. „Entropie“ übersetzen wir populärwissenschaftlich gerne mit „Chaos“. Der zweite Hauptsatz der Thermodynamik besagt – ebenfalls populärwissenschaftlich formuliert –, dass das Chaos immer größer wird. Bei der betrachteten Reaktion trifft dies zu, denn im gasförmigen Aggregatzustand bewegen sich die CO_2-Teilchen regellos und damit deutlich chaotischer als die unbeweglichen Teilchen in einem kristallinen Feststoff sowie die von Wasser umlagerten (aquatisierten) Teilchen in Lösung.

Soweit die heutige Interpretation der Reaktion. Der Begriff „Entropie“ war zu Goethes Zeiten noch nicht bekannt, und die Kohlensäure nannte man damals wegen ihrer Flüchtigkeit „Luftsäure“. Dennoch haben Bergman und Goethe die Umsetzung bereits grundsätzlich richtig verstanden.

Die Geschichte in den »Wahlverwandtschaften« mit Analogie zur Chemie geht so: Charlotte (= Ca^{2+}) und Eduard (= CO_3^{2-}) sind im mittleren Alter, führen ein harmonisches Eheleben, sind wohlhabend und leben auf einem Landgut. Eduard möchte seinen in Not geratenen Jugendfreund Otto (= SO_4^{2-}) eine Weile zu sich einladen. Charlotte stimmt zu und lädt im Gegenzug ihre kränkliche Nichte Ottilie (= 2 H^+) ein, um sich um sie zu kümmern. Nun, es kommt, wie es der Chemie gemäß kommen muss. Eduard verliebt sich in die junge Ottilie und Charlotte in Otto. Trotzdem haben Eduard und Charlotte noch Sex miteinander, sind dabei gedanklich aber bei ihren beiden neuen Lieben. Ein Kind wird geboren, fällt in einen Teich und ertrinkt; Ottilie ist mit der ganzen Situation überfordert, wird schwindsüchtig und stirbt; Eduard zieht aus Verzweiflung in den Krieg gegen Napoleon und fällt dort. *Fazit:* Es endet alles im Chaos.

Man kann die Geschichte als kitschig abtun, und gewiss hat Goethe bessere Werke verfasst; aber hoch anrechnen muss man ihm, dass er versucht, die Welt und das Leben ganzheitlich zu verstehen und deshalb im Mikrokosmos, bei den Interaktionen der kleinsten Teilchen, einen Spiegel für das Leben der Menschen untereinander mit ihrem kämpferischem und/oder kooperativem Verhalten zu finden.[5]

Viele Naturwissenschaftler lehnen derartige Anthropomorphismen strikt ab, denn Moleküle haben keine Gefühle, können nicht denken und ihre Interaktionen folgen unumstößlichen Naturgesetzen. Diese Wissenschaftler meinen deshalb auch, dass Worte wie „gut, böse, schön, lieb, geil, ich, wir …" in naturwissenschaftlichen Texten nichts zu suchen hätten. (Sie sind dabei aber nicht immer konsequent, denn zumindest verwenden sie „Fachausdrücke" wie „…phil", „…phob" oder „Angriff".) Da sind wir mit Goethe anderer Meinung. Als Naturwissenschaftler sind wir trotzdem Menschen und sollten unsere Erkenntnisse gerade deshalb unseren Mitmenschen, insbesondere denen, die *kein* naturwissenschaftliches Fach studiert haben, als unsere persönlichen, sowohl begeisternden als auch schockierenden Erlebnisse in Metaphern und Gleichnissen lebendig vermitteln.

Man bedenke, dass über die globalen Krisen wie Klimawandel oder Artensterben kein Wissensmangel herrscht, sondern dass es daran hapert, das vorhandene Wissen der Öffentlichkeit gegenüber anschaulich zu kommunizieren. Vielleicht sollten die heutigen Naturwissenschaftler zu Goethes Sprach- und Kommunikationsstil zurückfinden.

---

[5] In »Die Wahlverwandtschaften«, seinem Gleichnis von Chemie und Liebe, spricht Goethe von der „heterosexuellen" Liebe zwischen Kationen und Anionen, die im Calciumcarbonat und Calciumsulfat *Ionenbindungen* eingehen. Wie hätte der Dichter wohl die Beziehungen der Metalle Kupfer und Zinn in einer Bronze bzw. von Kupfer und Nickel im Messing oder die Zweierbeziehungen der Atome in H-H, O=O, N≡N, Cl-Cl … interpretiert? Als „homosexuell"? Ist Kupfer, da es sowohl in einer Legierung als auch in einem Salz vorliegen kann, „bisexuell"? Ist ein Proton (H^+), wenn es zum Hydrid (H^-) wird (oder umgekehrt), „transsexuell"? Führen die Edelgase He, Ne, Ar … ein „Single"-Dasein? Diese antropomorphistischen Überlegungen sollen zeigen, wie „divers" die Interaktionen der Atome tatsächlich sind und die vielfältigen Formen des tatsächlichen Lebens widerspiegeln.

4.3 Katalysatoren – die molekularen Helfer

4.3.1 Katalyse – ein Charakteristikum des Lebens

In den Kapitel 2 und 3 haben wir überwiegend Reaktionen angesprochen, die in Gegenwart von Enzymen (Biokatalysatoren) ablaufen. Alle chemischen Reaktionen erfordern eine Aktivierungsenergie. Ist diese hoch, so laufen die Reaktion langsam ab; ist sie klein, geht die Reaktion entsprechend schneller. Bei technischen Prozessen werden Aktivierungsenergien oftmals durch Erhitzen überwunden. Dies ist in biologischen Systemen nicht (oder kaum) möglich, weil sich Lebensprozesse in der Regel in einem engen Temperaturbereich abspielen. Hier helfen die Enzyme. Sie binden mit hoher Selektivität nur ganz bestimmte Ausgangsstoffe (Schlüssel-Schloss-Prinzip), aktivieren sie dadurch und bringen sie in eine räumliche Nähe, die für eine Reaktion unabdingbar ist. Aus dem Enzym-Substrat-Komplex heraus findet nun eine Reaktion oder eine Kaskade von Reaktionen statt. Die resultierenden Produkte fallen vom Enzym ab, womit dieses recycelt ist und für einen neuen Katalysezyklus zur Verfügung steht. Ein Katalysator nimmt also an einer chemischen Reaktion maßgeblich teil und eröffnet einen Reaktionsweg mit einer geringeren Aktivierungsenergie als bei der unkatalysierten Reaktion und beschleunigt sie dadurch.

Er ist somit der beste Kooperationspartner, den man sich für eine Reaktion vorstellen kann, und ein enzymatischer Prozess ist Teil eines Lebensprozesses in perfekter Kooperation. Dementsprechend beginne ich meine Biochemie-Vorlesung mit folgender biochemischer Definition von Leben: Leben ist die Fähigkeit zur Replikation, Mutierbarkeit und *Katalyse*.

Ein Enzym kann aber auch vergiftet werden, wenn nämlich z.B. das passende Substrat und ein strukturähnlicher Hemmstoff um den Platz im aktiven Zentrum des Enzyms konkurrieren und der Hemmstoff diesen Kampf gewinnt.

Leider kann man den Ablauf enzymatischer Reaktionen nicht einfach filmen. Es gibt aber Lernvideos (z.B. 7-12 und 13-16) sowie interaktive dreidimensionale Visualisierungen (Kap. 4.3.3), die uns einen Eindruck davon vermitteln.

Einführung
https://www.youtube.com/watch?v=49zvDS6Avo0

Aufbau und Wirkungsweise von Enzymen
https://www.youtube.com/watch?v=tPwe3KnY9fs

Enzymaktivität
https://www.youtube.com/watch?v=euNy3lqAYHQ

Enzymhemmung
https://www.youtube.com/watch?v=O542SMPoWw0

Enzymregulation
https://www.youtube.com/watch?v=F8ha1DXw4SU

Enzyme im Alltag
https://www.youtube.com/watch?v=6vLWjjAboeA

Lernvideos 7-12: Sechsteilige Videoreihe zu Enzymen. (Teacher Toby, 10, 6, 8, 7, 8 bzw. 6 Minuten)

4.3.2 Beispiel Chymotrypsin

Exemplarisch für einen besonders faszinierenden Reaktionsablauf wird im Folgenden die hydrolytische Spaltung eines Proteins an einer „katalytischen Triade“ des in der Bauchspeicheldrüse gebildeten Verdauungsenzyms Chymotrypsin erläutert (Abb. 68).

$$RCONHR' + H_2O \xrightarrow{\text{Chymotryps in}} RCOOH + H_2NR'$$

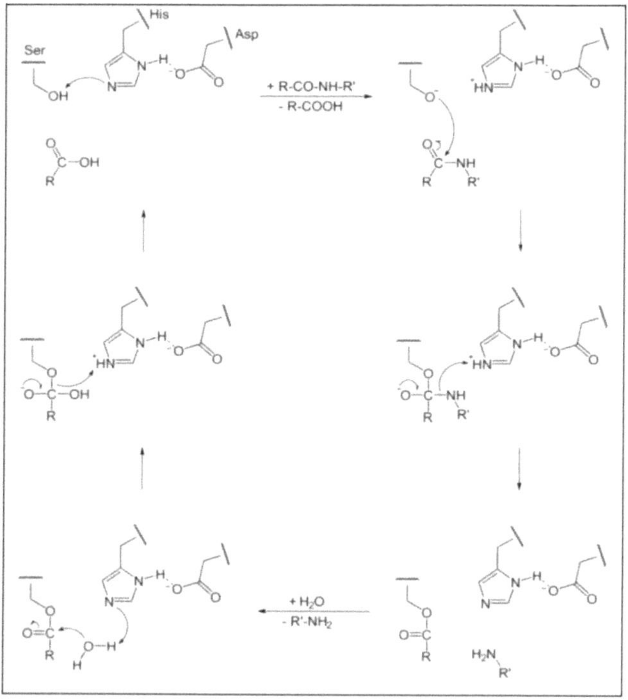

Abbildung 68: Reaktionsablauf einer Peptidspaltung in der *katalytischen Triade* aus Aspartat-102, Histidin-57 und Serin-195 des Verdauungsenzyms Chymotrypsin [30]. Erklärungen im Text.

Eine zentrale Rolle spielt hierbei das amphotere Histidin, welches die 57ste Aminosäure in der Enzymkette ist. Der Biokatalysator ist so gefaltet, dass dieses Histidin zwischen Aspartat, der 102ten Aminosäure, und Serin, der 195sten Aminosäure des Chymotrypsins, positioniert ist – womit der Begriff „Triade" verständlich wird. Durch die Nähe wird zwischen der Carboxylat-Seitengruppe des Aspartams und dem Stickstoff des Histidins, der ein H-Atom trägt, eine Wasserstoffbrückenbindung gebildet, wodurch die Nukleophilie des anderen Stickstoffs des Histidins so sehr erhöht wird, dass er dem ihm gegenüberliegenden Serin das H-Atom der alkoholischen Seitenkette entzieht und auf diese Weise kurzzeitig ein Serin-Alkoholat generiert wird. Dieses greift das in der Enzymtasche eingelagerte Protein (Substrat) an der Carbonylgruppe einer seiner Peptidbindungen an. Nach den aus der Organik-Grundvorlesung bekannten Additions-Eliminierungsmechanismus wird ein Amid eliminiert und übernimmt von benachbarten protonierten Histidin sofort das Proton, sodass es als Amin, H_2NR' (erster Baustein des ursprünglichen Peptids), abgeht. Im enzymatischen Zentrum liegt nun ein Serin-Ester vor. Jetzt kommt Wasser ins Spiel, wird vom stark nukleophilen Histidin deprotoniert, sodass ein Hydroxid-Ion entsteht, welches sofort die Spaltung des Serin-Esters einleitet, erneut nach dem Additions-Eliminierungsmechanismus. Die Säure, RCOOH (zweiter Baustein des ursprünglichen Peptids), geht ab, und das Serin-Alkoholat übernimmt das Proton vom benachbarten protonierten Histidin, womit der Katalysezyklus endet und die katalytische Triade wieder in ihrer ursprünglichen Form vorliegt.

Ergänzend sein noch die Spezifizität der Peptidspaltung erwähnt. Sie findet nämlich ausschließlich nach den Aminosäuren Phenylalanin, Tyrosin und Tryptophan statt, denn nur deren aromatische Seitengruppen passen als Schlüssel in das Schloss am Chymotrypsin.

Über diese perfekte Kooperation der Moleküle kann man nur staunen. „Das Staunen ist eine Sehnsucht nach Wissen“ (Thomas von Aquin) und treibt den Forschergeist an, tiefer in die Geheimnisse der Mutter Natur einzudringen (s. Vorwort).

4.3.3 Interaktive dreidimensionale Visualisierung von Enzymen

Die Faszination von Enzymstrukturen und Reaktionen darin kann man im Chemiestudium erleben, wenn man die in der Abbildung 68 *zweidimensional* dargestellten Abläufe durch interaktive Computerprogramme *dreidimensional* visualisiert und sich auf diese Weise der Wirklichkeit scheinbar nähert[6] bzw. die Realitätswahrnehmung erweitert (englisch: virtual bzw. augmented reality). Dazu haben verschiedene Autoren Vorschläge gemacht und über ihre positiven Erfahrungen berichtet, z.B. [31-33].

Die Programme bzw. Apps sind frei bzw. kommerziell über das Internet erhältlich. Oft greifen sie auf die Online-Enzyklopädie Proteopegia zurück. Hier kann man zahlreiche interaktive dreidimensionale Visualisierungen von Enzymen sowie Animationen und Lernvideos zu ihren Funktionsweisen abrufen, indem man in die Suchfunktion den Namen des gewünschten Enzyms und/oder ein weiteres geeignetes Suchwort eingibt. (Siehe die Enzym-Visualisierungen 1-12.)

Wenn man die komplexen Biomoleküle, bei denen die Atome und Domänen unterschiedlich farbig markiert sind, mit ihren verwobenen Helix- und Faltblattstrukturelementen, ihren Verdrehungen und Vernetzungen sowie ihren Hohlräumen mit eingelagerten Substraten, Produkten und Coenzymen mit der Computer-Maus drehen, wenden, zoomen und Atomabstände vermessen kann, hat man wirklich den Eindruck, dass einem „durch der *Moleküle* Kraft und Mund, so mach‘ Geheimnis würde kund“. Und man versteht mehr – wenn auch nicht vollständig –, „was die Welt im Innersten zusammenhält“ und was die molekularen Grundlagen des Lebens sind. So muss Forschung und Lehre sein!

---

[6] Hier kann man Platons Höhlengleichnis zitieren: Als Naturwissenschaftler nehmen wir durch unsere Experimente und Beobachtungen, ähnlich wie die Gefangenen in der Höhle, nur Schatten der Wirklichkeit wahr. Diese ist allerdings viel faszinierender und schöner als das, was wir sinnlich wahrnehmen und uns vorstellen. Wir können uns der Wahrheit zwar immer mehr annähern – tiefer in die Geheimnisse der Mutter Natur eindringen –, werden sie aber letztlich nicht erkennen.

Besonders gut gefallen haben uns die Videos über die Funktionen der katalytischen Triaden bei der Proteinspaltung mit Chymotrypsin (Lernvideo 13, vgl. Abb. 68) und der Esterspaltung von Acetylcholin mit der Acetylcholinesterase (Lernvideo 14; vgl. Kap. 1.1.1.1) sowie die Videos über die Blockierung der Acetylcholinesterase mit dem Kampfgas Sarin (Lernvideo 15, vgl. Kap. 1.2.3) und die Sarin-Entgiftung mit dem Antidot (Arzneimittel) Pralidoxim (Lernvideo 16).

Proteinspaltung mit Chymotrypsin
https://www.youtube.com/watch?v=JWtjYY15Ylw

Hydrolyse von Acetylcholin mit der Acetylcholinesterase
https://www.youtube.com/watch?v=Euu2JRbQ5LI

Vergiftung der Acetylcholinesterase mit dem Kampfgas Sarin
https://www.youtube.com/watch?v=Z-odNOay_PE

Sarin-Entgiftung mit dem Antidot Pralidoxim (2-PAM)
https://www.youtube.com/watch?v=W_k20FkVqQ0

Lernvideos 13-16: Animationen der Wirkungsweisen der katalytischen Triaden bei der Protein- bzw. Esterhydrolyse sowie der Hemmung der Acetylcholinesterase mit dem Kampfgas Sarin und der Wirkung des Sarin-Antidots Pralidoxim. (2, 3, 2 bzw. 2 Minuten)

Proteopedia Hauptseite
https://proteopedia.org/wiki/index.php/Main_Page

1 **Acetylcholinesterase** (Signaltransduktion, Kap. 1.1.1.1)
https://proteopedia.org/wiki/index.php/Acetylcholinesterase

2 **Deren Hemmung mit Imidacloprid** (Kap. 1.1.2.1)
https://proteopedia.org/wiki/index.php/3c79

3 **Ionenkanal** (Signaltransduktion, Kap. 1.1.1.3)
https://proteopedia.org/wiki/index.php/Potassium_Channel

4 **Kinase** (Signaltransduktion, Kap. 1.1.1.3)
https://proteopedia.org/wiki/index.php/Eukaryotic_Protein_Kinase_Catalytic_Domain

5 **Phosphatase** (Signaltransduktion, Kap. 1.1.1.3)
https://proteopedia.org/wiki/index.php/2b82

6 **Penicillinase** (Penicillin-Antibiotika, Kap. 1.1.1.2)
https://proteopedia.org/wiki/index.php/Penicillinase

7 **Angiotensin konvertierendes Enzym** (Blutdrucksenkung durch ACE-Hemmer, Kap. 1.2.1)
https://proteopedia.org/wiki/index.php/ACE2/structural_biology_project

8 **5-Enolpyruvylshikimat-3-Phosphat-Synthase** (Herbizid Glyphosat, Kap. 1.1.2.2)
https://proteopedia.org/wiki/index.php/EPSPS

9 **Chymotrypsin** (Proteinspaltung, Kap. 4.3, Abb. 67)
https://proteopedia.org/wiki/index.php/Chymotrypsin

10 **Photosystem II** (Lichtphase der Fotosynthese, Kap. 5.1)
https://proteopedia.org/wiki/index.php/Photosystem_II

11 **Pyruvat-Decarboxylase** (alkoholische Gärung, Kap. 5.2)
https://proteopedia.org/wiki/index.php/1pvd

12 **Alkohol-Dehydrogenase** (alkoholische Gärung, Kap. 5.2)
https://proteopedia.org/wiki/index.php/ADH

Enzym-Visualisierungen 1-12: Über die Hyperlinks können einige der in diesem Buch besprochenen Enzyme (Stichworte dazu und Kapitelverweise in Klammern) interaktiv und dreidimensional betrachtet werden. Auf den Webseiten gibt es auch ausführliche Erklärungen.

5 Die Sonne – Quelle des Lebens

In den Kapitel 2 und 3 wurde mehrfach erwähnt, dass Lebewesen, die Fotosynthese betreiben (Pflanzen, Algen, Cyanobakterien), anderen Lebewesen Zucker als Nahrung zur Verfügung stellen: Bäume z.B. den Pilzen über das Wood Wide Web, oder Weizen, Mais, Kartoffeln etc. uns Menschen, indem wir diese Pflanzen durch gezielten Anbau, Düngung und Schutz kultivieren.

Der Aufbau der Kohlenhydrate aus Wasser und Kohlenstoffdioxid ist ein endergonischer Prozess; d.h., er funktioniert nur unter Energiezufuhr. Und diese Energie kommt zum Nulltarif von der Sonne in Form von Licht, das bei der stark exergonischen Fusion von Wasserstoff- zu Heliumatomen von unserem Stern abgestrahlt wird. Die Sonne ist also die Quelle des Lebens auf der Erde.

Im folgenden Kapitel 5.1 werden wir das aus der Biochemie-Vorlesung bekannte Prinzip der Fotosynthese reflektieren, um im Kapitel 5.3 zu begründen, warum wir Menschen diesen genialen Prozess nachahmen müssen, um unsere zukünftige Energieversorgung mit Hilfe von Solarstrom sicherzustellen und um mit diesem zusätzlich Wasser elektrolytisch in seine Elemente zu zerlegen, sodass das fossile Zeitalter beendet und das neue Zeitalter des *grünen* Wasserstoffs als Hauptelement einer nachhaltigen Chemie beginnen kann. Des Weiteren werden wir im Kapitel 5.2 argumentieren, dass die Gewinnung von Ethanol aus Zuckerrohr oder -rüben sowie von Fettsäuremethylestern aus Palmöl *keine* guten Ideen sind, um Benzin aus fossilem Erdöl als Kraftstoff zu ersetzen, obwohl die zucker- und ölliefernden Pflanzen nachwachsen und ihre Lebensenergie über die Fotosynthese direkt von der Sonne beziehen.

5.1 Grundlagen der Fotosynthese

Ein Schlüsselexperiment im Chemieunterricht in der Schule ist das Zünden einer Mischung der Gase Wasserstoff und Sauerstoff – die Knallgasreaktion:

$$2\,H_2 + O_2 \rightarrow 2\,H_2O$$

Warum ist diese Reaktion aus fachdidaktischer Sicht so wichtig? Nicht, weil sie das Klischee untermauert „Chemie ist, wenn es knallt!“, sondern weil sie erstens die besondere Stabilität des Wasser verdeutlicht, welches man mit Recht als für das Leben unverzichtbar betrachtet, und weil zweitens die beiden Elemente, aus denen es besteht, sehr reaktiv sind und man ebenfalls berechtigterweise sagen darf, dass Sauerstoff das mit Abstand wichtigste Oxidationsmittel und Wasserstoff das mit Abstand wichtigste Reduktionsmittel sowohl bei Lebens-, als auch bei industriellen Prozessen sind.

Die Heftigkeit der Bildung von Wasser aus seinen Elementen lässt die Schülerinnen und Schüler bereits ahnen, wie energieaufwändig die umgekehrte Reaktion, die Wasserzerlegung, ist. Im Unterricht wird sie im Hofmann'schen Wasserzersetzungsapparat (Abb. 69) demonstriert. Dazu werden in das (mit etwas Schwefelsäure zur Erhöhung der elektrischen Leitfähigkeit versetzte) Wasser zwei Elektroden getaucht, an die eine elektrische Spannung angelegt wird. Am Minuspol (Kathode) bildet sich Wasserstoff, am Pluspol (Anode) Sauerstoff:

Kathode (Reduktion):	$4\ H^+ + 4\ e^- \rightarrow 2\ H_2$
Anode (Oxidation):	$4\ OH^- \rightarrow O_2 + 2\ H_2O + 4\ e^-$
Brutto-Gleichung:	$2\ H_2O \rightarrow 2\ H_2 + O_2$

https://de.wikipedia.org/wiki/Hofmannscher_Wasserzersetzungsapparat#/media/Datei:Hofmann_voltameter.svg

Abbildung 69: Hofmann'scher Wasserzersetzungsapparat.

In der Natur erfolgt die Wasserzersetzung mit Hilfe der Lichtenergie, die von der Sonne kommt, und wird von Pflanzen, Algen und Cyanobakterien betrieben. Hierbei spielt das Chlorophyll (Abb. 70) eine zentrale Rolle. Es ist ein Komplex, in dem ein Magnesiumkation quadratisch planar von vier Stickstoffatomen umgeben ist, die untereinander in einem Ringsystem verknüpft sind.

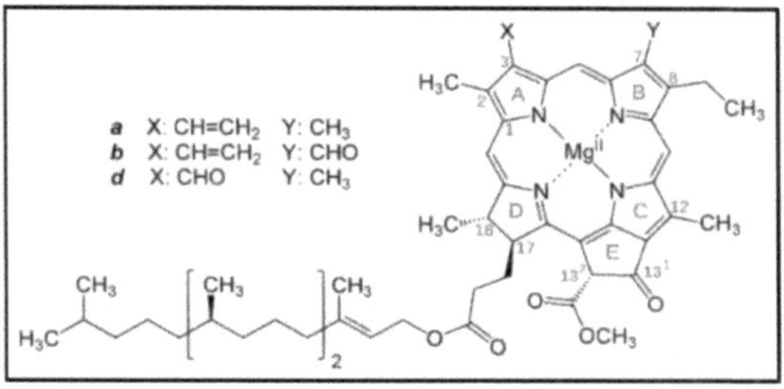

Abbildung 70: Chlorophyll (hier die Untertypen a, b und d) ist der wichtigste Metallkomplex, weil es die Sonnenenergie für das irdische Leben zugänglich macht.

Diese Verbindung ist grün und absorbiert einen Teil des sichtbaren Sonnenlichtes. Dessen Energie wird genutzt, um ein Elektron des Chlorophylls aus seinem Grundzustand in einen angeregten Zustand zu befördern. Dort fühlt sich das Elektron nicht wohl und möchte wieder in seinen energieärmeren Grundzustand zurück. Das gelingt ihm auch, wobei es die frühere Sonnenenergie auf Enzyme überträgt, welche die Wasserzersetzung ermöglichen. Dabei entsteht *wie bei der Wasserelektrolyse* Disauerstoff, der an die Luft abgegeben wird. *Anders als bei der Wasserelektrolyse* entsteht bei der Fotosynthese allerdings kein H_2-Gas. Vielmehr gehen zwei Protonen und zwei Elektronen – aus denen sich H_2 bilden könnte – in den Chloroplasten (das sind die Zellorganellen, in denen die Fotosynthese abläuft) zunächst getrennte Wege (s. die Enzym-Visualisierung 10 im Kap. 4.3.3), um sich schließlich mit einem phosphorylierten Nikotinsäureamiddinukleotid, $NADP^+$, einem einwertigen Kation, zu treffen. Dieses hat die Funktion eines *Speichermediums*, und die resultierende Kombination von einem hydrierten Nikotinsäureamiddinukleotid und einem Proton ist *gespeicherter Wasserstoff.*

$$2\,H_2O \xrightarrow{\text{Sonnenlicht}} O_2 + 2\,H^+ + 2\,e^-$$

$(2\,H^+ + 2\,e^-$ entsprichen formal $H^- + H^+)$

$$2\,H^+ + 2\,e^- + NADP^+ \rightarrow NADPH/H^+$$

Die Folge von fotochemischer Wasserzersetzung und Wasserstoffspeicherung, formuliert in den beiden obigen Ionengleichungen, geschieht in der *Lichtphase der Fotosynthese.*

An dieser Stelle soll noch ergänzt werden, dass das Chlorophyll nicht alleine für die Lichtabsorption zuständig ist. Es selbst nimmt nämlich nur das energiereiche Violett/Blau- und das energiearme Rotlicht des sichtbaren Lichtes auf. Andere Farbpigmente, u.a. das orange gefärbte Carotin, werden von anderen Frequenzen des sichtbaren Lichtes angeregt, übertragen diese Energie dann aber auf das Chlorophyll, was man *Fotosensibilisierung* nennt und dazu beiträgt, dass die Lichtausbeute bei der Fotosynthese insgesamt erhöht wird (Abb. 71). Das schönste Beispiele dafür, wie farbige Moleküle kooperieren, um letztendlich Leben zu spenden!

https://qph.cf2.quoracdn.net/main-qimg-99ffa6cb53a39766aaa132feeaba0de7.webp

Abbildung 71: Absorptionsspektren der Pigmente der Fotosynthese.

In der *Dunkelphase der Fotosynthese* reduziert der zuvor gespeicherte Wasserstoff das Kohlenstoffdioxid aus der Luft zu einem Kohlenhydrat (Glucose):

$$6\ CO_2 + 12\ NADPH/H^+ \rightarrow C_6H_{12}O_6 + 6\ H_2O + 12\ NADP^+$$

(Die Bezeichnung „Dunkelphase“ ist irreführend, denn der Prozess läuft nicht nur im Dunklen, sondern auch tagsüber ab; er braucht aber keine Lichtzufuhr.)

Fasst man die beiden Phasen der Fotosynthese zusammen, so werden die energiearmen Stoffe Kohlenstoffdioxid und Wasser – ohne dass die Sonne uns eine Rechnung schickt, wie der Journalist Franz Alt es formuliert hat [34] – in die energiereichen Stoffe Zucker und Sauerstoff umgewandelt:

Lichtphase: $12\ H_2O + 2\ NADP^+ \rightarrow 6\ O_2 + 12\ NADPH/H^+$

Dunkelphase: $6\ CO_2 + 12\ NADPH/H^+ \rightarrow C_6H_{12}O_6 + 6\ H_2O + 12\ NADP^+$

Bruttogleichung: $6\ CO_2 + 6\ H_2O \rightarrow C_6H_{12}O_6 + 6\ O_2$

Ich bezeichne die Fotosynthese gerne als die wichtigste chemische Reaktion überhaupt und halte sie für genial.[7]

Wir Menschen sollten uns dessen bewusst sein, dass die Sonne über die Fotosynthese mehr ist als ein guter Kooperationspartner aller Lebewesen auf der Erde, dass sie vielmehr die energetische *Quelle* des irdischen Lebens ist. Sollten wir deshalb nicht versuchen, noch mehr Produkte der Fotosynthese als bisher (Getreide etc.) für unseren täglichen Bedarf zu erschließen bzw. die Fotosynthese chemisch-technisch nachzuahmen, um das Sonnenlicht in viel stärkerem Maße, als wir es bereits tun, zur Versorgung der Menschheit mit elektrischem Strom und zur Herstellung von grünem Wasserstoff zu nutzen? Dann würden Kraftwerke, in denen Kohle, Erdgas oder Erdöl verbrannt und der Treibhauseffekt durch CO_2-Emissionen angefeuert wird, sowie Atomkraftwerke, in denen „strahlende" Altlasten anfallen, (weitgehend) überflüssig. Und mit dem grünen Wasserstoff könnte eine Green Chemistry (auf Deutsch: Nachhaltige Chemie) betrieben werden, die diesen Namen verdient.

Mehr dazu in den folgenden beiden Kapiteln.

---

[7] In seiner »Philosophie der Pflanzen« [35] drückt das der italienische Philosophie-Professor Emanuele Coccia prosaischer aus. Er bezeichnet die Pflanzen (und darunter vor allem die Bäume) als die „Macher der Welt", die „das Leben zu einem solaren Faktum" machen. Um dies zu verstehen, betrachten wir bitte die Rückreaktion der Fotosynthese-Bruttogleichung: Das ist die Bruttogleichung der Atmung von Aerobern. Diese nehmen Nahrung (Kohlenhydrate, Fette) auf und wandeln sie in mehrstufigen Prozessen in Glucose um. Weiter geht es mit Glykolyse, oxidativer Decarboxylierung, Zitronensäurezyklus und Atmungskette, sodass – unter Energiegewinnung in Form von Adenosintriphosphat – Wasser und Kohlenstoffdioxid entstehen. Wir Menschen (Aerober) leben also mit den Pflanzen in einer Symbiose. Die Pflanzen liefern uns Nahrung und Sauerstoff, die wir ihnen in Form von Wasser und Kohlenstoffdioxid zurückgeben. (Das haben wir mit den Pilzen gemeinsam, vgl. Kap. 2.2 und 2.3.) Die Sonnenenergie, die das pflanzliche Leben antreibt, wird zum energiereichen ATP, das unser Leben antreibt. Deshalb bezeichne ich das Adenosintriphosphat auch als den *Assistenten der Sonne*.

Stirbt der Baum, so stirbt der Mensch – so muss man die unbedingte Notwendigkeit des Schutzes der großen Wälder auf der Erde ausdrücken.

5.2 Sind nachwachsende Kraftstoffe nachhaltig?

Wenn im Motor eines Autos Benzin oder Diesel verbrennt, wird Kohlenstoff, der *im Laufe von Millionen Jahren* aus verstorbenen Meereslebewesen zu Erdöl geworden ist und unter der Erde deponiert war, in sehr kurzer Zeit zu Kohlenstoffdioxid – eine der bedeutendsten Ursachen für den Treibhauseffekt und die Erderwärmung. Diese Art von Verbrennung muss aufhören, keine Frage.

Kann man stattdessen leicht zugängliche Folgeprodukte von pflanzlichen Primärprodukten verbrennen, die in den entsprechenden Pflanzen *im Laufe eines Jahres* auf Basis der Fotosynthese herangewachsen sind, sogenannte nachwachsende Kraftstoffe? Dann würde bei deren Verbrennung im Automotor genauso viel Kohlenstoffdioxid in die Luft zurückgegeben, wie ihr zuvor durch Fotosynthese entzogen worden ist. Man hätte einen geschlossenen CO_2-Kreislauf und wäre in Hinblick auf die CO_2-Konzentration in der Atmosphäre neutral. Das ist im Prinzip richtig, hat aber einige Haken.

In der Tat gibt es die nachwachsenden Kraftstoffe „Bioethanol“ und „Biodiesel“. Bioethanol ist – wie der Name schon sagt – Ethanol, Biodiesel enthält Fettsäuremethylester.

Das *Zuckerrohr* und die *Zuckerrübe* produzieren Saccharose. Dieses Disaccharid aus Glucose und Fructose wird aus den jährlich geernteten Pflanzen extrahiert. Dann wird Hefe zugegeben, worauf das Disaccharid zunächst zu den beiden Monosacchariden hydrolysiert wird und diese dann zu Ethanol vergoren werden, welches abschließend aus der Kulturbrühe destilliert wird. (Siehe auch die Visualisierungen 11 und 12 der an der alkoholischen Gärung beteiligten Enzyme Pyruvatdecarboxylase und Alkoholdehydrogenase, Kap. 4.3.3.)

$$C_6H_{12}O_6 \xrightarrow[\text{anaerob}]{\text{Hefe}} 2\ CH_3CH_2OH + 2\ CO_2$$

Ethanol kann im Automotor direkt verbrannt werden. (Es werden lediglich Zuleitungsschläuche aus einem anderen Material als für Benzin benötigt.) Man nennt es Bioethanol, um es von dem Ethanol abzugrenzen, das durch Addition von Wasser an Ethen, einem Crackprodukt des Erdöls, gewonnen wird.

Die *Ölpalme* ist ein Baum, der bei der Fotosynthese zunächst Zucker herstellt, diesen biochemisch zu Fetten bzw. Ölen umbaut, in seinen Früchten speichert, aus denen sie nach der Ernte ausgepresst werden. Fette sind bei Raumtemperatur pastös, Öle sind flüssig. Chemisch sind beide Stoffe Veresterungsprodukte des dreiwertigen Alkohols Glycerin (Propan-1,2,3-triol) mit drei gleichen oder verschiedenen gesättigten oder ungesättigten Fettsäuren.

Ihre Viskosität ist allerdings zu hoch, um direkt in den Verbrennungsmotor eingespritzt werden zu können. Deshalb werden die Triglyceride mit Methanol umgeestert. Die resultierenden Fettsäuremethylester sind wegen ihrer auf etwa ein Drittel reduzierten Molmasse im Vergleich zu den Triglyceriden dünnflüssiger und können eingespritzt werden. Man bezeichnet sie als „Biodiesel“ (Abb. 72).

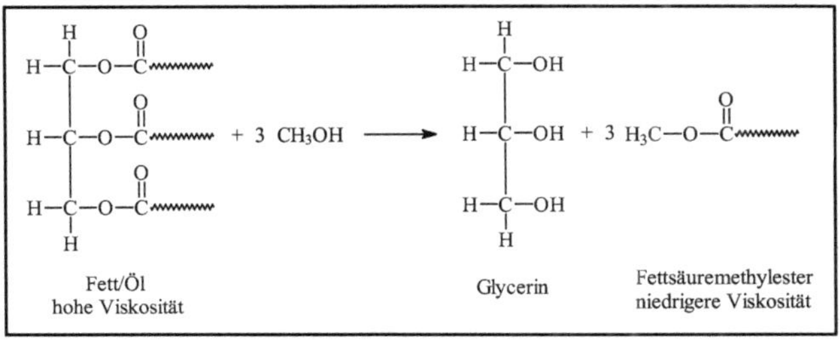

Fett/Öl (hohe Viskosität) + 3 CH_3OH ⟶ Glycerin + 3 H_3C—O—C(=O)— Fettsäuremethylester (niedrigere Viskosität)

Abbildung 72: Herstellung von Fettsäuremethylestern („Biodiesel“) aus Pflanzenöl.

Die Vorsilbe „Bio“ haben Bioethanol und Biodiesel allerdings nicht verdient. Denn einige Aspekte ihrer Produktion sind keineswegs nachhaltig.

- Für den Anbau nachwachsender Kraftstoffe wird nämlich viel Platz benötig. Deshalb werden für Zuckerrohr vor allem in Brasilien und für Ölpalmen in Südostasien Urwälder (brand)gerodet und damit die wichtigsten CO_2-Senken auf der Erde vernichtet (Abb. 73 und 74).
- Außerdem sind die Plantagen riesige Monokulturen, in denen die ursprüngliche Artenvielfalt verloren gegangen ist.
- Da die Pflanzen nicht für den Lebensmittel-, sondern für den Industriesektor vorgesehen sind, werden Dünger und Pesti-

zide oft im Überschuss eingesetzt, mit negativen Konsequenzen für Fluginsekten, Bodenlebewesen und das Grundwasser.

- Große Plantagen in den Entwicklung- und Schwellenländern verdrängen die tradierten kleinbäuerlichen Strukturen und treiben viele Menschen in die Arbeitslosigkeit und/oder in die Slums der Großstädte.
- Sollte für die wachsende Weltbevölkerung Boden, der für Nahrungspflanzen geeignet ist, nicht auch so genutzt werden? Ist es nicht geradezu menschenverachtend, wenn Zucker und Pflanzenöl für die Automobilität verheizt werden, statt dazu beizutragen, Hunger zu stillen?

https://upload.wikimedia.org/wikipedia/commons/thumb/a/a0/Saccharum-officinarum-harvest.JPG/440px-Saccharum-officinarum-harvest.JPG

https://static.woz.ch/sites/woz.ch/files/styles/field_text_slideshow_image_default/public/text/bild/1822_15_palmoel_bs4.jpg?itok=WFYS4Q7E×tamp=1527685576

Abbildungen 73 und 74: Wo Zuckerrohr- oder Palmölplantagen sind, ist kein Urwald mehr.

Fazit: Bioethanol und Biodiesel – Nein, Danke! Wir hatten diese Diskussion in ähnlicher Weise bei der Produktion glyphosatresistener Sojabohnen für die Massentierhaltung (Kap. 1.1.2.2). Wieder geht es um wirtschaftliche Interessen unter dem Deckmantel des Umweltschutzes und der Nachhaltigkeit. Produzierende und abnehmende Ländern kooperieren hier nicht auf Augenhöhe; es handelt sich vielmehr um *Neokolonialismus*, wobei die ärmeren Länder den Wirtschaftskampf gegen die reicheren Länder verlieren. Und die urwaldlichen Ökosysteme gehen auf jeden Fall verloren, weil die Menschen die Fotosynthesedienstleistung nicht richtig nutzen, ja geradezu missbrauchen.

Eine ähnlich fiese Art von *Neokolonialismus*, vergleichbar mit dem im Kapitel 1.1.2 beschriebenen beim Einsatz von Pflanzenschutzmitteln und dem hier geschilderten beim Anbau von Zucker und Palmöl für „Biokraftstoffe", wurde auf der Documenta 2022 von der kenianischen Künstlergruppe The Nest

Collection angeprangert. Unter dem Titel „Return to Sender" wurden Pakete mit Altkleidern, Plastikmüll und Computerschrott ausgestellt, die zum Recycling nach Afrika geschickt worden waren (Abb. 75).

https://www.hna.de/bilder/2022/06/18/91617625/29171986-die-documenta-fifteen-in-kassel-ist-eroeffnet-hier-finden-sie-bilder-von-den-standorten-karlsaue-rondell-bootshaus-ahoi-und-fulda-Hfe.jpg

Abbildung 75: „Return to Sender" – afrikanische Künstler stellen Altkleider, Plastikmüll und Computerschrott auf der Documenta 15 aus, um gegen „Recycling"-Methoden der reichen Länder zu protestieren.

40 % dieser Altkleider sind unbrauchbar und landen direkt auf afrikanischen Deponien – womit die reichen Länder die Entsorgungskosten gespart haben –, und die Textilien, die noch als Second-Hand-Ware verkauft werden können, bringen kaum Profit, sondern blockieren den Markt für die Entwicklung einer konkurrenzfähigen eigenständigen Textilindustrie in Afrika. Der Plastikmüll landet zum großen Teil im Meer, der Computerschrott auf illegalen Deponien, wo die giftigen Metallbestandteile mit der Zeit ausgewaschen werden und Boden und Grundwasser kontaminieren. (Vgl. die Abbildungen 21-23 am Ende vom Kapitel 1.1.2.1.)

Hierzu passend stellte David van Reybrouck in der Eröffnungsrede des 22. Internationalen Literaturfestivals in Berlin (2022) fest, dass der heutige Kolonialismus nicht mehr territorial, sondern zeitlich sei. Die reichen Nationen, seien im Begriff, die Zukunft zu kolonialisieren und den nachfolgenden Generationen die Konsequenzen der jahrzehntelangen Umweltverbrechen aufzubürden. Dadurch verursachte Migrationsbewegungen erklärte der belgische Historiker und Schriftsteller geradezu biblisch, dass „die Hungrigen zu den Schuldigen kommen" [36].

5.3 Grüner Wasserstoff

Wir Menschen können das Energie-Geschenk der Sonne aber sehr wohl wertschätzen, konstruktiv nutzen und die drohende Klimakatastrophe vielleicht doch noch abwenden. Im diesem letzten Kapitel des Buches soll deshalb optimistisch die Vision eines sonnengetriebenen *Zeitalters des Solarstroms und des Grünen Wasserstoffs* geschildert werden. Es setzt allerdings voraus, dass die Länder der Erde ihre wirtschaftlichen und politischen Kämpfe um Vormachtstellung (weitgehend) ad acta legen und global und fair kooperieren – so wie es in der Nachhaltigkeitsagenda 2030 der UNESCO gefordert wird [37].

Wasserstoff, grün oder grau – das sei hier die Eingangsfrage. In der Technik spricht man von grünem Wasserstoff, wenn bei der elektrolytischen Wasserzersetzung Ökostrom verwendet wird, der durch Windräder, Photovoltaik, Solarthermie oder Wasserkraft, also CO_2-frei, generiert wurde. Wenn der benutzte Strom hingegen in einem Kohle- oder Erdgaskraftwerk erzeugt wurde, nennt man den bei der Elektrolyse resultierenden Wasserstoff grau, denn er trägt einen CO_2-Fußabdruck.

Grauer Wasserstoff entsteht auch beim *Steam-Reforming* und bei der *Kohle-Vergasung*, ganz anderen technischen Verfahren. Hierbei entziehen Methan bzw. Kohle bei hoher Temperatur dem Wasser den Sauerstoff, um selbst in Kohlenstoffmonoxid überzugehen (welches später zu Kohlenstoffdioxid weiterreagiert) und gleichzeitig Wasserstoff freizusetzen.

Steam-Reforming:

$$CH_4 + H_2O \xrightarrow{\text{[Kat.], 800-1000 °C}} CO + 3\,H_2$$

Kohle-Vergasung:

$$C + H_2O \xrightarrow{\text{ca. 1200°C}} CO + H_2$$

Nun, den grauen Wasserstoff können wir (bald) vergessen, denn den grünen haben wir bereits, müssen ihn allerdings noch in riesigen Mengen produzieren. Doch das ist keine Utopie, sondern sollte – mit gutem Willen und kooperativer großer Anstrengung – in den nächsten 20 Jahren machbar sein.[8]

Das Sonnenlicht kann man nämlich mit Hilfe des fotohalbleitenden Siliziums in elektrischen Strom umwandeln (*Photovoltaik*, Abb. 76). Das ist im Grunde genommen so wie bei der Fotosynthese, wo ein Lichtquant ein Elektron aus seinem Grundzustand im Chlorophyll auf ein höheres Energieniveau kickt, von wo das Elektron auf ein niedrigeres Niveau zurück„strömt" und dabei Arbeit leistet.

Alternativ kann man das Sonnenlicht mit Parabolspiegeln in einem Brennpunkt konzentrieren und mit der so gebündelten Wärmeenergie eine ca. 1000° C heiße Salzschmelze erzeugen und damit Wasser kochen, um mit Wasserdampf eine Turbine zur Stromerzeugung anzutreiben (*Solarthermie*, Abb. 77). Die Wärmeübertragung von der Salzschmelze auf das Wasser kann auch nachts erfolgen, wenn keine Sonne scheint, sodass selbst zu dieser Zeit elektrischer Strom zur Verfügung steht.

https://www.ibc-blog.de/wp-content/uploads/2014/11/Bhadla2-300x198.jpg

https://upload.wikimedia.org/wikipedia/commons/2/22/PS20andPS10.jpg

Abbildungen 76 und 77: Photovoltaik-Anlage und Solarthermie-Kraftwerk in der Wüste.

Reichlich Platz für riesige technische Anlagen gibt es in erster Linie in den (möglichst küstennahen und verkehrstechnisch erschlossenen) Wüstenregionen auf der Erde, z.B. in Marokko, Tunesien, Saudi Arabien … oder in Gegenden, wo mittlerweile der Grundwasserspiegel so weit abgesunken ist, dass sich eine

---

[8] Neben *grauen* und *grünen* Wasserstoff gibt es noch „andersfarbigen". *Blauer* Wasserstoff wird zwar mit fossiler Energie hergestellt, aber unter Abfangen und Speichern des gebildeten Kohlenstoffdioxids (CCS … carbon capture and storage). *Türkiser* Wasserstoff entsteht durch Pyrolyse von Methan, wobei Kohlenstoff als festes Produkt übrigbleibt. *Roter* Wasserstoff entsteht bei der Wasserelektrolyse mit Atomstrom, *weißer* Wasserstoff bei Dehydrierungsreaktionen organischer Verbindungen. Ökologisch betrachtet ist *grüner* Wasserstoff das Non plus ultra [38].

Landwirtschaft nicht mehr lohnt, z.B. in Südspanien (Lernvideos 17-19).

https://www.youtube.com/watch?v=TqJPreSAFOM

https://www.youtube.com/watch?v=eWk34cIXgWs

https://www.youtube.com/watch?v=0NPbNpNCD1s

Lernvideos 17-19: Strom aus der Wüste – das gigantische „Desertec"-Projekt [39] und seine Realisierbarkeit. Die Solarthermie-Kraftwerke TuNur in Tunesien und Andasol in Südspanien sowie eine Diskussion zwischen dem Ingenieur Franz Trieb und dem Physik-Professor Harald Lesch, „Also los jetzt, wir machen so was und zeigen der Welt, dass es geht!" (DESERTECChannel, 7 Minuten, Der Spiegel, 3 Minuten, und zukunfterde, 36 Minuten)

Um den vielen elektrischen Strom zu verteilen, muss massiv in die Installation von Stromleitungen (Hochspannungs-Gleichstrom-Übertragung) sowie den Ausbau von Speicherkapazitäten (Großbatterien auf Natrium- oder Magnesium-Basis) investiert werden.

Mit dem Ökostrom, also ohne einen CO_2-Fußabdruck (außer dem, der sich bei der Herstellung der Anlagen nicht vermeiden lässt, aber relativ gering ist), kann man zunächst alles machen, wozu man bislang Strom aus Atom- und Verbrennungskraftwerken verwendet hat. In der Chemischen Industrie werden die Treibhausgas-Einsparungen gewaltig sein, wenn Ökostrom erst einmal bei besonders stromintensiven Prozessen zum Einsatz kommt, z.B.

- bei Schmelzflusselektrolysen zur Gewinnung von Aluminium und Seltenen Erden,
- zur Erzeugung der Elektrolichtbögen bei der Silizium-Herstellung,
- zum Betreiben der Pumpen bei der Luftzerlegung nach dem Linde-Verfahren,
- bei der Meerwasserentsalzung durch mehrstufige Vakuumentspannungsverdampfung oder Umkehrosmose zweck Gewinnung von Trink-, Kühl- und Bewässerungswasser in süßwasserarmen Gebieten sowie

- beim weitgehenden Ersatz von Erdgas- und Öl- durch Elektroheizungen im Apperatebau.

Jetzt schauen wir bitte kurz auf Kapitel 5.1 zurück. Dort hatten wir betont, dass in der Lichtphase der Fotosynthese Wasser zu Sauerstoff, Protonen und Elektronen zersetzt wird, dass sich die letzten beiden Teilchen im Form von $NADPH/H^+$ wieder begegnen und dass diese Verbindung quasi ein *Tank mit gespeichertem Wasserstoff* ist. In der Dunkelphase wird dieser zur Reduktion von Kohlenstoffdioxid verwendet.

Wie können wir nun den grünen Wasserstoff aus der mit Ökostrom betriebenen Wasserelektrolyse transportieren, speichern und anstelle von grauem Wasserstoff und damit ohne CO_2-Fußabdruck nutzen?

Man kann Wasserstoff im Prinzip so wie Erdgas durch Pipelines leiten oder verflüssigen und in dieser Form in Kühltanks transportieren sowie direkt als Brenngas verwenden (Knallgasreaktion). Dabei muss man allerdings bedenken, dass Wasserstoff ein noch flüchtigeres und entzündlicheres Gas ist als Methan, sodass die Sicherheitsanforderungen höher sind, aber gewiss eingehalten werden können. Da der Siedepunkt von Wasserstoff (–253 °C) deutlich niedriger liegt als der von Methan (–162 °C), ist mehr Energie für die Verflüssigung erforderlich. Man muss neue Anlagen eben von vornherein „H_2-Ready" konzipieren bzw. bestehende Anlagen entsprechend nachrüsten. Eine anspruchsvolle und ehrenwerte Aufgabe für (angehende) Chemie-Ingenieurinnen und -ingenieure.[9]

Dieser erhöhte Aufwand lohnt sich insbesondere auch in Anbetracht des enormen Einsparungspotenzials an Treibhausgas CO_2, wenn man grauen Wasserstoff durch grünen bei der Haber-Bosch-Ammoniak-Synthese, dem neben der Schwefelsäure-Produktion größten Chemieprozess überhaupt, ersetzt

$$N_2 + 3\,H_2 \rightarrow 2\,NH_3$$

und wenn bei der Herstellung von Eisen, dem mengenmäßig wichtigsten Metall, in Zukunft die Reduktion des Eisenoxids nicht

---

[9] In Deutschland ist eine 5100 Kilometer lange Wasserstoff-Pipeline, das „H_2-Netz 2030" geplant. Kosten ca. 6 Milliarden Euro. Das sollte finanzierbar sein! [38]

mehr mit Koks (carbothermisch) durchgeführt wird, sondern mit Wasserstoff.

$$Fe_2O_3 + 3\,H_2 \rightarrow 2\,Fe + 3\,H_2O$$

$$\text{statt}\quad 2\,Fe_2O_3 + 3\,C \rightarrow 4\,Fe + 3\,CO_2$$

Dann entsteht nämlich nur harmloses Wasser als Abgas.[10]

Großes Zukunftspotenzial in der Wasserstofftechnologie hat schließlich die Brennstoffzelle (Lernvideo 20), die Umkehr der Wasserelektrolyse, zur Stromerzeugung. Einige Busse und Lokomotiven werden bereits mit dieser Batterie angetrieben. Wäre die Brennstoffzelle für die Elektromobilität nicht besser als der Lithiumakkumulator, der auf den mengenmäßig limitierten Konfliktrohstoff Lithium angewiesen ist?

https://www.youtube.com/watch?v=8ElTJNCDsTY

Lernvideo 20: Funktion einer Brennstoffzelle. (Chemie – simpleclub, 5 Minuten)

Im Jahre 2018 hat die Darmstädter Firma Merck ihr 350-jähriges Bestehen gefeiert. Sehr gut gefallen hat mir, dass in ihrem Geschäftsbericht 2017 [40] die nächsten 350 Jahre unter das Motto „Imagine" gestellt wurden. Man solle Phantasie entwickeln und sich eine gute Zukunft ausmalen, zu der die Chemie

---

[10] Wasserstofftechnologie wird von der EU als „wichtiges Vorhaben von gemeinsamem europäischem Interesse" gefördert und passt zur 2020 beschlossenen „Nationalen Wasserstoffstrategie" der BRD. Für ökologische Innovationen sind von der Bundesregierung „Klimaschutzdifferenzverträge" vorgesehen. Wenn beispielsweise ein Stahlhersteller konventionell mit Koks produziert, kostet ihn die Herstellung von einer Tonne Stahl ca. 400 Euro. Bei einem CO_2-Emissionszertifikatspreis von 80 Euro pro Tonne Kohlenstoffdioxid kommen für den Produzenten 136 Euro pro Tonne Stahl hinzu. Die treibhausgasfreie Herstellung von einer Tonne Stahl mit grünem Wasserstoff kostet etwa 725 Euro, ist also insgesamt 189 Euro teurer. Dieser Betrag wird dem Hersteller als Anreiz erstattet, um klimafreundlicher zu produzieren. Wenn nun – wie geplant – mit der Zeit der Preis für ein CO_2-Emissionszertifikat deutlich steigt, wird das umweltfreundlichere Verfahren auch das wirtschaftlichere, und staatliche Subventionen sind dann nicht mehr erforderlich. Klimaschutz muss und wird sich lohnen [38]!

viel beitragen könne. In der Tat brauchen wir Vorstellungsvermögen, wie die vielschichtigen momentanen globalen Krisen überwunden werden können und eine lebenswerte, auf Nachhaltigkeit basierende Welt aussehen soll. Die Sonne gibt uns dazu die Inspiration, ihre unbegrenzte und kostenlose Energie kreativ zu nutzen und die Fotosynthese so weit wie möglich technisch nachzustellen.

Wir möchten an dieser Stelle betonen, dass grüner Wasserstoff natürlich auch durch Elektrolyse mit Strom aus *Windkraftanlagen* gewonnen werden kann. Windkraft ist indirekte Sonnenenergie; denn die Sonne erwärmt die Luft der Erde in Abhängigkeit von ihrem Abstand und Einstrahlungswinkel in unterschiedlichem Maße, sodass Luftströmunungen (= Wind) resultieren. *Der Wind weht auch zum Nulltarif.* Optimistisch stimmen deshalb z.B. die Ende August 2022 geschlossene Vereinbarung zwischen Kanada und Deutschland, dass in der windreichen Gegend von Neufundland riesige Windparks gebaut, grüner Wasserstoff erzeugt, verflüssigt und nach Deutschland transportiert werden soll, und zwar schon deutlich vor 2030 [41]. Das ist nicht nur eine ökologisch, sondern auch wirtschaftlich und sozialpolitisch sinnvolle Kooperation, denn in der wenig besiedelten und strukturschwachen ostkanadischen Region werden neue, attraktive Arbeitsplätze geschaffen. Dies ist ganz im Sinne des aus den USA kommenden Konzepts des „Green New Deal" und des von der Europäischen Union adaptierten Konzepts des „ European Green Deal", wonach ökologische Verbesserungen *gleichzeitig* soziale Gerechtigkeit schaffen sollen.

Das begrüßenswerte Vorhaben hätte allerdings schon vor 30 Jahren gestartet werden können, gemäß der Ermahnung von Dennis Meadows, die Weltgemeinschaft habe mindestens diesen Zeitraum verschlafen, um den längst bekannten diversen Problemen, die auf die Welt zukommen, rechtzeitig entgegenzusteuern. Leider hat es erst des brutalen Überfalls Russlands auf die Ukaine und der russischen Erpressung Deutschlands durch das Auf- oder Zudrehen (oder das Sprengen?) einer Erdgaspipeline bedurft. Es stimmt traurig, wenn sich das alte Sprichwort wieder einmal bewahrheit, das der Krieg der Vater aller Dinge ist.

Schlussgedanken

Zusammen mit Hans-Ludwig Krauß, der in der Fachdidaktik über einen fächerverbindenden Schulunterricht in den Fächern Chemie, Ethik und Religion promoviert hat, habe ich im Jahr 2007 eine Publikation unter dem Titel *„Chemie macht Sinn"* [42] geschrieben. Dieser Titel könnte auch zum vorliegenden Buch passen. Denn acht Bachelorarbeiten aus dem Wintersemester 2022/2023, die sich in meine fachdidaktischen Arbeiten zu Ökologie und Nachhaltigkeit einreihen, haben gezeigt, dass uns die Beschäftigung mit der Chemie und Biotechnologie mehr als nur fachspezifisches Wissen liefert, sondern auch die Sinnfrage beantwortet, warum wir uns als Menschen überhaupt den Naturwissenschaft und ihrer Schwester, der Technik, widmen (sollen): nämlich um uns immer wieder an der Einzigartigkeit und Faszination der Natur zu erfreuen und – in kleinen Schritten – das Wunder des Lebens mehr und mehr zu verstehen, sodass wir deshalb hoch motiviert sind, dieses Leben auf dem Planeten Erde zu schützen und zu bewahren.

Ein Element des Lebens ist der *Kampf* ums Überleben. Pflanzen, Pilze und Tiere setzen Gifte gegen ihre Fressfeinde ein und/oder rufen über Botenstoffe Hilfe herbei. Schlangen und Skorpione verwenden Gifte, um Beutetiere zu erlegen. Fressen und Gefressen werden führt in einem stabilen Ökosystem zu einem biologischen Gleichgewicht mit sich periodisch ausgleichenden Populationsschwankungen (Abb. 78).

Auch wir Menschen setzen Gifte ein, wobei wir häufig Wirkmechanismen in der Natur abschauen. In der Medizin beispielsweise zur Bekämpfung schädlicher Bakterien mit dem Penicillin eines Pilzes oder zur Reduzierung von zu hohem Blutdruck mit einem modifizierten Schlangengift. In mengenmäßig viel größerem Maße verwenden wir Gifte als Pflanzenschutzmittel gegen die Schädlinge unserer Kulturpflanzen.

Das zeugt grundsätzlich von unserer Kreativität, hat das Wachsen der Weltbevölkerung auf das heutige Niveau erst ermöglicht und zu Wohlstand und Gesundheit geführt.

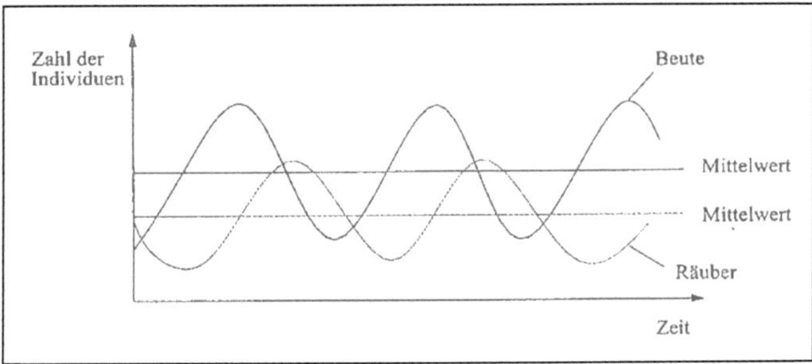

Abbildung 78: Das Lotka-Volterra-Model beschreibt die Populationsschwankungen bei Räuber (z.B. Schlage) und Beute (z.B. Kaninchen). Typischerweise läuft die Kurve der Populationsdichte des Räubers der Kurve der Populationsdichte der Beute nach. Wenn das Ökosystem nicht durch äußere Faktoren beeinflusst wird, sind die beiden Populationen im zeitlichen Mittel konstant.

Doch in Hinblick auf Technikfolgeabschätzung sind wir Menschen alles andere als perfekt. Der übermäßige Einsatz von Antibiotika, insbesondere prophylaktisch in der Massentierhaltung, hat zur Bildung multiresistenter Keime geführt, die eine Bedrohung der Gesundheit der Menschheit insgesamt darstellen. DDT hat viele Menschen vor dem Malaria-Tod bewahrt, ist aber auch schleichend zu einem globalen Umweltgift geworden. Glyphosat erlaubt den Abbau von genetisch verändertem Saatgut in riesigen gewinnbringenden Monokulturen, womit allerdings Artenvielfalt verloren geht und kleinbäuerliche Strukturen in Entwicklungs- und Schwellenländern nicht mehr konkurrenzfähig sind. Wir Menschen müssen lernen, mögliche negative Folgen unseres Handelns abzuschätzen und zu vermeiden. Das Buch »Das Prinzip Verantwortung« [43] muss zur Pflichtlektüre werden. Hier hat der Autor Hans Jonas in Anlehnung an Kants kategorischen Imperativ den *ökologischen Imperativ* formuliert: „Handle so, dass die Wirkungen deiner Handlung verträglich sind mit der Permanenz echten menschlichen Lebens auf Erden.“

Nicht wenige Menschen setzen Gifte – trotz internationaler Ächtung – als Kampfmittel gegen andere Menschen bei Verbrechen oder im Krieg und Terrorismus oder zum Selbstmord ein. Ein vergleichbares Verhalten gibt es im Pflanzen- und Tierreich nicht. Der Mensch ist eben eine „besondere Spezies“ – hier im sehr negativen Sinne.

Ein anderes Element des Lebens ist die *Kooperation*. Pilze und Algen bilden Flechten. In dieser Symbiose können sie aus festem Gestein lebenswichtige Mineralien solubilisieren und verstorbene Lebewesen zu Bestandteilen von fruchtbarem Humus abbauen und so den Boden als universelle Lebensgrundlage gestalten. Pilze vernetzen die Pflanzen untereinander zu einem Wood Wide Web, über das Nähr- und Botenstoffe transportiert werden. Das WWW ähnelt der Struktur eines Gehirns. Können die Bodenlebewesen denkend kommunizieren? Auf jeden Fall lehrt uns das WWW, dass alles mit allem zusammenhängt und Leben eine unendliche Vernetzung bedeutet.

Chemische Reaktionen basieren auf naturwissenschaftlichen Gesetzen. Hier gibt es keine Gefühle. Trotzdem wimmelt die Sprache der Chemiker nur so von *Anthropomorphisen*. Da gibt es Lipo-/Hydro-/Nukleo-/Elektrophilie und -phobie, Moleküle lieben oder hassen sich; Teilchen greifen an oder werden eliminiert. Kurz: Sie kämpfen oder kooperieren miteinander. *Altruismus* gibt es auch. Den finden wir vor allem bei den (Bio)Katalysatoren. *Enzyme* nehmen an Reaktionen teil, führen bei milden Temperaturen und mit großer Schnelligkeit Moleküle zusammen oder trennen sie. Enzyme sind da, wirken an biochemischen Reaktionen mit, liegen an deren Ende wieder so vor wie am Anfang und ermöglichen auf diese Weise Lebensprozesse ganz maßgeblich. Wir können nur staunen.

Alle Lebewesen sind hochgeordnete Systeme. Um *Ordnung* herzustellen, ist Energie erforderlich. Diese liefert in erster Linie die *Sonne*. Unser Stern fordert keine Gegenleistung, schickt Licht zum Nulltarif auf die Erde, das bei der *Fotosynthese* in chemische (Lebens)Energie umgewandelt wird. Der Pharao Echnaton (1372-1336 v. Chr.) hatte bereits vor mehr als 3300 Jahren die Intuition, dass alles Leben von der Sonne kommt; und wir können heute gut verstehen, dass er der Sonne den alleinigen göttlichen Status verlieh (Abb. 79). Wir Menschen sollten immer daran denken, dass die Sonne uns nicht braucht, dass wie sie aber brauchen. Deshalb sollten wir das Energie-Geschenk der Sonne in Dankbarkeit und Demut annehmen und unsere Kreativität nutzen, um mit der Sonnenenergie im Sinne des ökologischen Imperativs das Leben auf der Erde nachhaltig zu gestalten: Elektrischer Strom aus

Sonnenkraft – direkt aus Photovoltaik und Solarthermie oder indirekt aus Windkraft-Anlagen – und damit durch Wasserelektrolyse gewonnener grüner Wasserstoff müssen die Basis zukünftiger Technologien sein.

https://de.wikipedia.org/wiki/Echnaton#/media/Datei:La_salle_d Akhenaton_(1356-1340_av_J.C.)_(Mus%C3%A9e_du_Caire)_(2076972086).jpg

Abbildung 79: Der Pharao Echnaton hielt die Sonne für die göttliche Kraft des Lebens. Er ahnte bereits, dass ihre Energie tatsächlich das Leben auf der Erde antreibt.

Das Patent zur Lösung aller Zukunftsprobleme haben wir nicht. Wir Menschen sind in unserem Denk- und Vorstellungsvermögen zu beschränkt und in unserem meistens gut gemeinten Handeln zu fehlbar. Doch vielversprechende Ansätze, insbesondere wissenschaftlich-technischen Fortschritt, gibt es (s.o.). Wir müssen nur noch lernen, weniger gegeneinander zu kämpfen, sondern mehr zu kooperieren – im privaten und beruflichen Bereich, in der globalen Wirtschaft und in der Weltpolitik. Uns anmaßend über die Natur zu stellen und sie uns untertan zu machen, geht nicht (mehr), denn wir sind Teil der Natur, die – wie die Sonne – uns nicht braucht, wir sie aber sehr wohl brauchen.

Literatur- und Quellenangaben

Die hier und im vorangegangenen Text angegebenen Hyperlinks wurden zuletzt am 14.10.2022 überprüft.

[1] V. Wiskamp: Die globale Metakrise aus dem Blickwinkel der Chemie – Vorschläge für Seminare und Projektarbeiten. – Books on Demand (BoD), Norderstedt 2021; auch als E-Book erhältlich

[2] V. Wiskamp: „Geh‘ mir aus der Sonne“ – Das Ökologische Manifest – 95 Thesen – Chemie-Lehrende aller Länder, vereinigt euch! – Books on Demand (BoD), Norderstedt 2021; auch als E-Book erhältlich

[3] V. Wiskamp: Vom Anthropozän ins Symbiozän – Eine virtuelle Museumsausstellung mit Begleitseminar. – Books on Demand (BoD), Norderstedt 2021; auch als E-Book erhältlich

[4] V. Wiskamp: Chemie und Nachhaltigkeit – Eine Chemie-Vorlesung für Studierende der *Nicht*-MINT-Fächer. – Books on Demand (BoD), Norderstedt 2022; auch als E-Book erhältlich

[5] M. Sheldrake: Verwobenes Leben – Wie Pilze unsere Welt formen und unsere Zukunft beeinflussen. – Ullstein Taschenbuch, Berlin 2021; auch auf Englisch (Original) und Französisch sowie als Hardcover und ePub erhältlich

[6] K. Lemalmi, M. M‘hamdi Alaoui, V. Wiskamp: Pilze – Gestalter des Bodens. – Rezension zu [5]. – Chemie in Labor und Biotechnik (CLB), im Druck

[7] P. Shoghian: Chemische Kampfstoffe in der Natur und ihre Adaption in Landwirtschaft und Medizin. – Bachelorarbeit, Hochschule Darmstadt, Darmstadt 2023

[8] M. Ben Nticha: Grüne Biotechnologie in Schwellen- und Entwicklungsländern. – Bachelorarbeit, Hochschule Darmstadt, Darmstadt 2022

[9] M. M‘hamdi Alaoui: Die Bedeutung von Pilzen für das Ökosystem Boden – eine fachdidaktische Reflexion des Buches „Verwobenes Leben“ von Merlin Sheldrake. – Bachelorarbeit, Hochschule Darmstadt, Darmstadt 2023

[10] K. Lemalmi: Pilze als Dienstleister in der Biotechnologie – eine fachdidaktische Studie zum Buch „Verwobenes Leben“ von Merlin Sheldrake. – Bachelorarbeit, Hochschule Darmstadt, Darmstadt 2023

[11] H. Moradi: Computerunterstützte Visualisierung biochemischer Moleküle und Reaktionen – eine fachdidaktische Arbeit zur Erstellung von Unterrichtsmaterialien. – Bachelorarbeit, Hochschule Darmstadt, Darmstadt 2023
[12] M. Ben Hamouda: Green Chemistry und Green New Deal. – Bachelorarbeit, Hochschule Darmstadt, Darmstadt 2022
[13] H. Bark: Das kommende Zeitalter des Grünen Wasserstoffs. – Bachelorarbeit, Hochschule Darmstadt, Darmstadt 2022
[14] N. Brosch: 50 Jahre »Die Grenzen des Wachstums« – Aufbruch in eine ökologische Moderne? – Bachelorarbeit, Hochschule Darmstadt, Darmstadt 2023
[15] V. Wiskamp, N. Brosch: 50 Jahre »Grenzen des Wachstums« – Eine persönliche Reflexion. – Chemie in Labor und Biotechnik (CLB), im Druck
[16] R. Kickuth: Schon im Altertum genutzt – Biologische Waffen. – Chemie in Labor und Biotechnik (CLB) 2022, Heft 9-10, S. 488-493
[17] R. Kickuth, W. Hasenpusch: Giftpflanzen – sechsteiliger Themenschwerpunkt (Einleitung, Klatschmohn, Pfaffenhütchen, Schneebeeren, Rhododendren, Stechpalme). – Chemie in Labor und Biotechnik (CLB) 2022, Heft 5-6, S. 230-261
[18] Fonds der Chemischen Industrie: Arzneimittel. – Folienserie Band 5, Frankfurt 1987
[19] W. G. Dauben, H. O. Krabbenhoft: Organic reactions at high pressure. Cycloadditions with furans. – J. Am. Chem. Soc. 98 (1976), S. 1992-1993;
https://pubs.acs.org/doi/pdf/10.1021/ja00423a071
[20] R. Carson: Der stumme Frühling. – 127.-130. Aufl., Verlag C. H. Beck, Nördlingen 2007
[21] A. Rhindt: Skorpiongift könnte möglicherweise gegen Krebs aktiv sein. – MEDMIX 21.1.2022;
https://medmix.at/skorpiongift-gegen-krebs/ und
https://www.nature.com/articles/srep19799#citeas
[22] C. Heil: Hinrichtung mit Stickstoff geplant. – Frankfurter Allgemeine Zeitung, Nr. 216, 16.9.2022, S. 6 (Deutschland und die Welt)
[23] M. Kässer: Vom Biotop zum Meta-Organismus – Mikroben bilden eine enge Lebensgemeinschaft mit den Menschen. – Chemie in Labor und Biotechnik (CLB) 2022, Heft 3-4, S. 130-141

[24] P. Wohlleben: Das geheime Leben der Bäume. – Ludwig-Verlag, München 2015
[25] W. Hasenpusch: Präventive Gesunderhaltung durch Pilze – Mykotherapie ohne belegbare Heilversprechen, aber dennoch interessant. – Chemie in Labor und Biotechnik (CLB) 2022, Heft 1-2, S. 36- 47
[26] K. C. P. Vollhardt, N. E. Schore: Organische Chemie. – 4. Aufl., Wiley-VCH, Weinheim 2005, S. 651
[27] Lexikon der Biologie: Ethylen-Synthese. – Spektrum Akademischer Verlag, Heidelberg 1999; https://www.spektrum.de/lexikon/biologie/ethylen-synthese/22736
[28] W. Hasenpusch: Diamanten der Nahrung – Trüffel – Für Feinschmecker der höchste Genuss. – Chemie in Labor und Biotechnik (CLB) 2022, Heft 9-10, S. 452-460
[29] J. Soentgen: Chemie und Liebe: ein Gleichnis. – Chemie in unserer Zeit, 30 (1996), Heft 6, S. 295-299; file:///C:/Users/fbc1018/Downloads/ciuz.19960300605.pdf
[30] https://de.wikipedia.org/wiki/Chymotrypsin_B
[31] C. N. Peterson, S. Z. Tavana, O. P. Akinleye, W. H. Johnson, M. B. Berkmen: An idea to explore: Use of augmented reality for teaching three-dimensional biomolecular structures. – Biochem. Mol. Biol. Educ. 48 (2020) Heft 3, S. 276-282; https://iubmb.onlinelibrary.wiley.com/doi/10.1002/bmb.21341
[32] J. M. Argüello, R. E. Dempski: Fast, simple, student generated augmented reality approach for protein visualization in the classroom and home study. – J. Chem. Educ. 97 (2020), Heft 8, S. 2327–2331; https://pubs.acs.org/doi/10.1021/acs.jchemed.0c00323
[33] C. Berry, J. Board: A Protein in the palm of your hand through augmented reality. – Biochem. Mol. Biology Educ. 42 (2014), Heft 5, S. 446-449; https://iubmb.onlinelibrary.wiley.com/doi/full/10.1002/bmb.20805
[34] F. Alt: Die Sonne schickt uns keine Rechnung – die Energiewende ist möglich. – Piper Verlag, München 1994.
[35] E. Coccia: Die Wurzeln der Erde – Eine Philosophie der Pflanzen. – Carl Hanser Verlag, München, 2018
[36] P. Ahne: Die Hungrigen und die Schuldigen – Berlins Literaturfestival beginnt, und David van Reybrouck hält eine furiose

Rede. – Frankfurter Allgemeine Zeitung, Nr. 210, 9.9.2022, S. 9 (Feuilleton). Siehe auch G. Bartels: https://www.tagesspiegel.de/kultur/dramatischer-appell-david-van-reybrouck-eroffnet-internationales-literaturfestival-8622436.html und D. van Reybroucks Rede am 7.9.2022: https://www.youtube.com/watch?v=4JFsXzXfgS4 (ab der 55. Minute) und abgedruckt in der Frankfurter Allgemeinen Zeitung, Nr. 211, 10.9.2022, S. 16 (Literarisches Leben)

[37] Bundesministerium für wirtschaftliche Zusammenarbeit und Entwicklung: Agenda 2030 – Die globalen Ziele für nachhaltige Entwicklung. – https://www.bmz.de/de/agenda-2030

[38] A. Wambach: Klima muss sich lohnen – Ökonomische Vernunft für ein gutes Gewissen. – Verlag Herder, Freiburg 2022

[39] https://de.wikipedia.org/wiki/Desertec

[40] Merck KGaA: Geschäftsbericht 2017. – Darmstadt 2018; https://www.merckgroup.com/investors/reports-and-financials/earnings-materials/2017-q4/de/2017-Q4-Report-DE.pdf

[41] FAZ: Wasserstofflieferanten dringend gesucht. – Frankfurter Allgemeine Zeitung, Nr. 197, 25.8.2022, S. 18 (Unternehmen)

[42] V. Wiskamp, H.-L. Krauß: Chemie macht Sinn – Thermodynamik, Entropie und Chemisches Weltbild. – Chemie & Schule 22 (2007), Heft 1, S. 22-25

[43] H. Jonas: Das Prinzip Verantwortung. – 5. Aufl., suhrkamp taschenbuch 3492, Insel Verlag, Frankfurt 1979

Lesenswerte Bücher

Ich möchte zum Schluss gerne einige Leseempfehlungen aussprechen. Hier sind meine persönlichen Lieblingsbücher, die mein ökologisches Verständnis der Welt am meisten geprägt haben (Abb. 74).

- Dennis Meadows et al: Die Grenzen des Wachstums – Bericht des Club of Rome zur Lage der Menschheit. – Deutsche Verlags-Anstalt, Stuttgart 1972
- Rachel Carson: Der stumme Frühling. – 127.-130. Aufl., Verlag C. H. Beck, Nördlingen 2007
- James Lovelock: Die Erde und ich. – Taschen GmbH, Köln 2016
- Yuval Noah Harari: Eine kurze Geschichte der Menschheit. – 35. Aufl., Pantheon Verlag, München 2015
- Eva Horn, Hannes Bergthaller: Anthropozän – zur Einführung. – Junius Verlag, Hamburg 2019
- Hans Jonas: Das Prinzip Verantwortung. – 5. Aufl., suhrkamp taschenbuch 3492, Insel Verlag, Frankfurt 1979
- Jan Grossarth: Die Vergiftung der Erde – Metaphern und Symbole agrarpolitischer Diskurse seit Beginn der Industrialisierung. – Campus Verlag, Frankfurt 2018
- Tim Flannery: Wir Klimakiller – Wie wir die Erde retten können. – Fischer Verlag, Frankfurt 2009
- Eva Horn: Zukunft als Katastrophe. – Fischer-Verlag, Frankfurt 2014
- Christian Berg: Ist Nachhaltigkeit utopisch? Wie wir Barrieren überwinden und zukunftsfähig handeln. – oekom verlag 2020
- Bernhard Grzimek, Michael Grzimek: Serengeti darf nicht sterben. – Piper Verlag, München 2009
- Bernhard Kegel: Die Natur der Zukunft – Tier- und Pflanzenwelt in Zeiten des Klimawandels. – DuMont Buchverlag, Köln 2021
- Lothar Frenz: Wer wird überleben? – Die Zukunft von Mensch und Natur. – Rowohlt, Berlin 2021
- Peter Singer: Animal Liberation – Die Befreiung der Tiere. – Fischer Verlag, Erlangen 2015

- Merlin Sheldrake: Verwobenes Leben: Wie Pilze unsere Welt formen und unsere Zukunft beeinflussen. – Ullstein Verlag, Berlin 2020
- Peter Laufmann: Der Boden – Das Universum unter unseren Füßen. – C. Bertelsmann Verlag, München 2020
- Maude Barlow: Das Wasser gehört uns allen – Wie wir den Schutz des Wassers in die öffentliche Hand nehmen können. – Verlag Antje Kunstmann, München 2020
- Jens Soentgen: Ökologie der Angst. – Matthes & Seitz, Berlin 2018
- Johannes Müller-Salo: Klima, Sprache und Moral – Eine philosophische Kritik. – Philipp Reclam jun. Verlag, Ditzingen 2020
- George Marshall: Don't even think about it – Why our brains are wired to ignore climate change. – Bloomsbury Publishing, New York 2014
- Papst Franziskus: Laudato si! Die Umwelt-Enzyklika des Papstes. – Verlag Herder, Freiburg 2015; https://www.dbk.de/fileadmin/redaktion/diverse_downloads/presse_2015/2015-06-18-Enzyklika-Laudato-si-DE.pdf
- Muhammad Yunus: Die Armut besiegen. – Hanser Verlag, München 2008
- Vanessa Nakate: Unser Haus steht längst in Flammen – Warum Afrikas Stimme in der Klimakrise gehört werden muss. – Rowohlt Taschenbuch, Hamburg 2022
- Maja Göpel: Unsere Welt neu denken – eine Einladung. – 3. Auflage, Ullstein Buchverlage, Berlin 2020

Die Grenzen des Wachstums
rororo

Rachel Carson
Der stumme Frühling
beck

DIE ERDE UND ICH
TASCHEN

YUVAL NOAH
HARARI
Eine kurze Geschichte der Menschheit

Anthropozän

HANS JONAS
Das Prinzip Verantwortung

DIE VERGIFTUNG DER ERDE
campus

TIM FLANNERY
Wir Klimakiller

Eva Horn

Christian Berg
IST NACHHALTIGKEIT UTOPISCH?

Dr. Bernhard Grzimek
Michael Grzimek
Serengeti darf nicht sterben

Bernhard Kegel
Die Natur der Zukunft

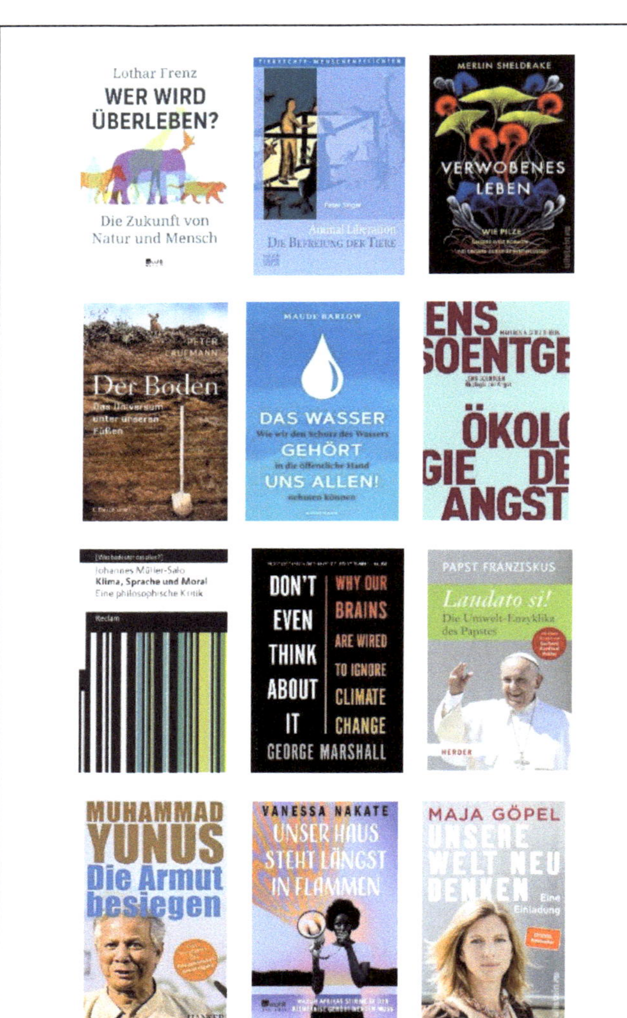

Abbildung 80: Bücher, die Ihr Weltbild verändern!

Das Team

Prof. Dr. Volker Wiskamp unterrichtet seit 1989 im Fachbereich Chemie- und Biotechnologie der Hochschule Darmstadt die chemischen Basisfächer und hat den fachdidaktischen Arbeitsschwerpunkt Umweltschutz und Ökologie.

Im Wintersemester 2022/2023, dem letzten vor seiner Pensionierung, hat Prof. Wiskamp die Bachelorarbeiten seiner acht Koautorinnen dieses Buches, Studentinnen der Chemischen Technologie (CT) bzw. Biotechnologie (BT) betreut.

Von links nach rechts:
Parvaneh Shoghian kommt aus dem Iran, lebt seit vielen Jahren in Deutschland und hat sich nach langer Familienzeit den Wunsch eines Studiums der Biotechnologie erfüllt. Sechs andere Koautorinnen sind aus ihren Heimatländern zum Studium an die Hochschule Darmstadt gekommen: Myriam Ben Nticha (BT) und Maha Ben Hamouda (CT) aus Tunesien; Majda M'hamdi Alaoui (BT), Khaoula Lemalmi (BT), Houda Bark (CT) aus Marokko; Hasareh Moradi (BT) aus dem Iran. Nicole Brosch (BT) ist die einzige deutsche Studentin im Team und kommt aus Mannheim.

„Alles Wissen und alles Vermehren
unseres Wissens endet nicht mit einem
Schlusspunkt, sondern mit einem Fragezeichen."

Hermann Hesse